Kiútkeresés

Kiútkeresés

Értekezés az állatvédelem zsákutcáiról

Márton Attila

Kiútkeresés – Értekezés az állatvédelem zsákutcáiról

A magyar változat az alábbi kiadás alapján készült:
Barking Up the Wrong Tree – An Essay on Animal Welfare and Protection

Borítóterv: Sarah May Arenas
Borítókép: Mehrad Ahari

www.kiutkereses.hu

Magánkiadásban kiadja: Attila Márton, London, United Kingdom

ISBN: 978-1-5262-0203-1

Nyomta és kötötte: DPI Store, Debrecen

Családomnak és barátaimnak, akik büszke emberré tettek

Tartalom

Bevezetésképp

Legelőször csak egy cikket akartam írni az állatvédelemben fellelhető, alapvető félreértésekről. Analitikus gondolkodásom van. Nem tehetek róla, de a világ dolgait (olykor még a legegyszerűbbeket is) komplett rendszerként érzékelem. Mindig frusztrált, amikor olyan vitákat hallottam vagy olvastam, ahol valójában senkinek sem volt igaza. A vitatkozó felek ugyanis kikapkodtak pár részinformációt, vagy nem teljes tényt, ahelyett, hogy egy adott kérdéskört egészében vettek volna figyelembe.

Elkezdtem írni az említett cikket és nagyon hamar rájöttem, hogy ez a téma még annál is sokkal nagyobb, mint ahogy azt hittem.

Pár hónappal ezelőtt jelent meg az eredeti kézirat angol nyelven. Ez pedig a magyar kiadás. Nem fordítás, nem változat. A szövegezés néhol kissé eltér, amelyre több minden miatt volt szükség. Viszont a könyv továbbra is általánosságban szól, nem a magyarországi helyzetet hivatott felvázolni, vagy az ország konkrét problémáival foglalkozni.

Ez nem egy tudományos kutatás publikálása tucatnyi kielemzett eredmény levezetésével. Ezek az én gondolataim arról, hogyan látom az állatvédelmet. Pontosan ugyanezt mondanám el, ha beülnénk egy jófajta kávéra és arról kérdeznél, hogy mit gondolok például arról, miért csapnak ki annyi kutyát még mindig az út szélére.

Ennek a könyvnek javarészt keserű szájíze van, hiszen problémákról mesélek. Azt viszont nem kell hinni, hogy itt lenne a világvége. Egyáltalán nem állítom azt, hogy mindenben igazam van. Azt meg főleg nem, hogy minden létező területet és problémát felöleltem volna. Abban az esetben azt hiszem ez a könyv sosem készült volna el, sosem került volna pont az utolsó mondat végére.

Abban reménykedem, hogy akik végigolvassák a könyvet egy új nézőpontból fogják ezután szemlélni ezeket a kérdéseket. Szeretem a vitákat. Az érvelős típusú, eltérő gondolatok ütköztetését. Ezek azok a beszélgetések, amelyek előre vitték mindig is a dolgokat és amelyek változást tudtak hozni a világ dolgaiba. A változás mindig fontos!

Kérlek kedves olvasó, figyeld a szavaimat, fontold meg a gondolataimat és ha hasznosnak találod, add tovább őket. Így jön el a változás. Az pedig nem vitás, hogy erre nagy szüksége van a kutyáknak, akikről ez a könyv szól.

London, 2016. március 18.

Márton Attila

Köszönetnyilvánítás

Sok mindenkinek tartozom hálával és köszönettel. Szerencsésnek mondhatom magam, mivel számos ember volt, aki végigsegített életem eddigi részén. Nélkületek sosem lettem volna az, aki most vagyok, nem lettem volna képes eljutni oda, ahol most vagyok, összeszedni a megfelelő érettséget ahhoz, hogy ez a könyv végül testet ölthessen. Remélem mindannyian tudjátok, hogy fontosak vagytok nekem. Ha esetleg bárkiben felmerült volna erről a kétség legkisebb gyanúja is, akkor mihelyt lehetőségünk adódik találkozni, átbeszéljük egy kávé vagy egy sör mellett.

Köszönöm a családomnak! Akármennyire messze vagyunk egymástól fizikailag, mindig itt vagytok velem.

Azoknak is köszönetet kell mondjak, akik hátráltattak és megnehezítették az életemet. Mindig is hajlamos voltam ellustulni, de azok az emberek, akik folyamatosan akadályokat görgettek elém, nagy mértékben motiváltak arra, hogy a kitűzött céljaimat véghezvigyem.

Sosem lettem volna képes arra, hogy az állatvédelem terén ilyen mély nézőpontra tegyek szert, ha nem lett volna lehetőségem arra, hogy ezeket a témákat újra és újra átbeszéljem és megvitassam. Köszönöm Joó Istvánnak és Tornóczky Anitának mindazokat a fontos beszélgetéseket és olykor vitákat, amelyek a gondolkodásomat formálták.

Jakkel Tamás, te tanítottál meg arra, hogyan tekintsek a dolgokra logikusan, koncentráljak a tényekre, mellőzve a szentimentalizmust, hogyan keressem a felszín alatti valóságot. Enélkül sosem lettem volna képes elérni ezt a perspektívát.

Galántai Zsófi, azt hiszem valós fogalmad sincs arról, mennyire fontos nekem a barátságunk és hogy mennyi mindent köszönhetek neked. Mindig végighallgattál, akármekkora őrültséggel álltam elő és tudtad jól, hogy mikor kell visszarántani a földre, hogy két lábon álljak. Ha én lennék Don Quixote, te lennél Sancho Panza. Ez a könyv pedig nélküled sosem készült volna el.

Mehrad, amikor először megláttam a borítóra kikerült képet az utcán alvó, magára hagyott kutyáról, egyből tudtam, hogy ez az, amit keresek. Ez a kompozíció tökéletesen tükrözi a könyv legalapvetőbb mondandóját, miszerint az emberi társadalom felelős a kutyák szenvedéséért. Mi más képviselhetné jobban ezt, mint egy elhagyott kutya a mindennapi emberi környezetben?

Sarah, köszönöm azt az „arcot", amelyet a könyvemnek adtál. Bizonyára fogalmad sincs, mennyire frusztrált a kezdeti időkben az, vajon mi fog kisülni mindabból, amit megbeszéltünk. Hatalmas megkönnyebbülés volt legelőször meglátni a borító első verzióját. Sikeresen megragadtad a fő mondandómat és sikerült egy kis reményt is adni ehhez a szomorú témához.

Végül, de egyáltalán nem utolsó sorban, köszönöm kedves Olvasó. Nélküled ez a könyv nem lenne más, mint egy hatalmas betűhalmaz oldalakba rendezve. Nélküled nincs üzenet, nincs misszió, nincs változás sem.

London, 2016. március 18.

Attila Márton

Első fejezet

Édes otthon

Amennyiben feltett szándékunk az, hogy a kutyáknak, akikkel társadalmunkat megosztjuk, egy jobb, boldogabb életet teremtsünk, fel kell kutatnunk, hogy mik azok a tényezők, amelyek a meglévő problémákat okozzák. Definiálnunk kell azt is, hogy ezek a problémák pontosan hol jelentkeznek és fizikailag hol keletkeznek. Mind a mai napig két jelenség van, amelyek az állatvédelmi problémák jelentős részét kiteszik: az állatbántalmazások és az otthontalan populáció rehabilitációja, otthonhoz juttatása. Ahhoz, hogy meghatározzuk ezen problémákat generáló konkrét okokat, pillantást kell vetnünk arra a helyre is, ahol a kutyák alapesetben megtalálhatóak.

A 0. fázis

A lassan már elcsépelt fogalomnak számító felelős kutyatartás már akkor megkezdődik, amikor a puszta gondolata felmerül annak, hogy az adott háztartás egy kutyával gyarapodjon. Ennek következtében az új jövevény sorsa még azelőtt megpecsételődik, mielőtt megérkezne új otthonába.

Számos tényezőt fontolóra kell vennünk, amikor kiválasztjuk a családba érkező kutya fajtáját, annak méretét, temperamentumát.

Rendelkezünk-e kellő tudással ahhoz, hogy a kiválasztott fajta temperamentumát kezelni tudjuk? Mint köztudott, vannak fajták, amelyek sokkal alaposabb ismereteket igényelnek tartásukat és nevelésüket illetően.

Megfelelő nagyságú lesz-e számára a rendelkezésre álló élettér? Számos olyan fajta létezik, amelyek örökmozgóak, lételemük a mozgás. Számukra sok hely szükséges, hogy egészséges, és ez által boldog életet élhessenek.

Rendelkezésünkre állnak-e a szükséges anyagi források nem csak arra, hogy megvásároljunk, hanem fel is neveljünk egy kölyköt? A szükséges felszerelések, a napi etetés és az állatorvosi számla adott esetben tetemes összeget tehet ki.

Tudunk-e elegendő szabadidőt szánni kutyánkra, hogy megfelelő mennyiségű és minőségű foglalkozással szocializált személyisége és viselkedésmintái alakulhassanak ki, megelőzve mindazt a komoly bonyodalmat, amelyet egy félrenevelt pokolfajzat tud okozni?

Végezetül pedig, ha mindezt végiggondoltuk, vagyunk-e annyira bölcsek és őszinték magunkhoz, hogy meghozzunk egy felelősségteljes döntést? Ami adott esetben akár az is lehet, hogy úgy döntünk, mégsem tartunk kutyát.

Ezzel ellentétben ezek a rendkívül fontos és szükséges előfeltételek az esetek többségében nem kerülnek alapos átgondolásra.

Sok esetben kutyát státusszimbólum gyanánt, vagy a legújabb trendek követéséért tartunk (elég a celebek életvitelének mindennapi másolására gondolni), vagy egyszerűen csak azért, mert olyan "cukik". Egy kutyára viszont nem lehet úgy tekinteni, mint a lakás legújabb kiegészítőjére.

Egy élőlényről beszélünk, amelynek mind fizikai, mind pszichikai értelemben igényei vannak. Különféle kutyafajták, különböző karakterisztikákkal fejlődtek ki az évszázadok során azzal a céllal, hogy az ember társaként eltérő feladatok ellátására legyenek képesek. Például egy vadászkutya nem a legjobb választás egy kis lakásba és egy szánhúzó kutyafajta sem fogja túl jól érezni magát egy egész napon át a kanapéra kényszerítve.

Ha mindent alaposan fontolóra vettünk és még akkor is úgy gondoljuk, minden körülmény adott, hogy kutyát tartsunk, a dolgok neheze még csak ezután kezdődik. A kutyák személyisége teljes mértékben képes alkalmazkodni az emberek társadalmához, így egy kutya alapesetben könnyedén képes beilleszkedni az új környezetébe. Ez viszont nem egy automatikus folyamat, ehhez kell az ember is. Mindez időt és odafigyelést igényel, és annak alapos ismeretét, hogyan kell egy kutyát kezelni, tanítani, fegyelmezni és jutalmazni mindazért, hogy a beilleszkedési folyamat minél gördülékenyebb legyen.

Megfelelő mennyiségű időt kell töltsünk kutyánkkal. Biztosra kell mennünk, hogy kellő mennyiségű mozgást kap alkatához és fajtájához mérten, saját egészsége érdekében, és ennek hosszú távú megőrzéséről is gondoskodnunk kell. A fizikai szükségleteknek való megfelelés mellett fontos még az ember jelenlétének biztosítása. A kutyáknak szükségük van odafigyelésre és törődésre, hogy mentálisan stabilak legyenek. Nem egy magányos állatfajtáról van szó, személyiségük nem az egyedüllétre van berendezkedve.

A gyökerek

Az,hogy egy kutya milyen helyről, milyen forrásból származik, szintén egy nem elhanyagolható körülmény.

Mindvégig szem előtt kell tartani azt a fontos tényt, hogy egy élőlényről beszélünk, nem egy termékről, amelyet leemelünk a polcról. Amikor legújabb ingünknek hibás az anyaga, vagy felfeslik a varrás, visszavihetjük a boltba, vagy átkozhatjuk a gyártót, hogy milyen silány minőséget adott ki a kezei közül. Ezzel szemben az állattenyésztés teljesen más, és a "végtermék" minősége sok egyéb tényező mellett a genetikán múlik. A gének tevékenykedése pedig egyáltalán nem kiszámítható dolog. Függetlenül attól, hogy egy tenyésztő mennyire körültekintő, a genetikára visszavezethető problémák bármikor felmerülhetnek. A tenyésztésellenes propagandának köszönhetően a törzskönyv sok esetben megegyezik egy szitokszóval.

Ez a rossz hírnév leginkább annak köszönhető, hogy a kutyázás színterén a tenyésztők azok, akiknek a tevékenysége leginkább előtérben van, ők azok, akik igazán láthatóak. Ha valami ellen harcolunk, vagy felemeljük a hangunkat vele szemben, leginkább azokat tudjuk célba venni, akik ott vannak a szemünk előtt. Ezzel szemben a kontrollált tenyésztés támogatása több szempontból bölcs lenne. Csak a felett tudunk irányítást és ellenőrzést gyakorolni, ami a látószögünkön belül van. Azt viszont ne felejtsük el, hogy attól, mert nincs közvetlen rálátásunk azokra, akik például otthoni tenyésztésbe kezdenek úgy, hogy nem regisztrálják a megszületendő utódokat, mivel ez nem érdekük, ettől ők még léteznek és még hozzávetőleges információnk sincs arról, hogy az így született kutyák milyen arányban vannak, egészségesek-e, milyen előfordulással hordoznak örökletes betegségeket.

Tanulságos és roppant érdekes lenne konkrét számadatokat látni arról, hogy arányaiban mennyi kutyakölyök születik az ilyen otthoni tenyésztés következtében. Sok esetben az ilyen gyarapodás köszönhető annak, hogy a szuka kutya nem ivartalanított, és a tüzelési időszakban megtörténik a baj, vagy annak, hogy az újszülött kiskutyák túl cukik ahhoz, mintsem hogy egy cseperedő alomnyi kutya okozta élmény kimaradjon valaki életéből.

A kutyák ösztöneiknél fogva párzanak és nem igazán mérlegelik azt a faktort, hogy ezt követően mi lesz a megszületendő kölykökkel. Sajnálatos módon gazdáik is hasonló módon cselekednek, de az ő esetükben már gondatlanságról beszélünk. Elegendő azokra a kölykökre gondolni, amelyeket dobozban elhagyatott helyeken hagynak.

Egy újszülött kutyaalom nagy felelősséget von magával, amibe beletartozik az is, hogy miután a kölykök felcseperedtek, jó otthonra leljenek. Csak azért ebbe belemenni, hogy legyen egy rakat édes és cuki, csetlő-botló kiskutyánk, hatalmas nagy felelőtlenség. Nem csak a saját kutyánkért, hanem annak leszármazottaiért is felelősséggel tartozunk.

Lehetetlenség nyomon követni az ilyen házi "készítésű" almokat és azok sorsát. Ez viszont már csak azért is fontos lenne, mivel a jelenség számos állatvédelmi probléma okozója. Az internet tele van az ilyen körülmények között született kölyökkutyák hirdetéseivel. Ez a jelenség, ami abszolút nyomon követhetetlen, valószínűleg több problémát okoz, mint a regisztrált tenyésztés. Pont emiatt a hivatalos tenyésztőket sokkal könnyebb okolni például a kutyák túlszaporodásáért.

Ha vásárlás helyett viszont felkeresünk egy menhelyet és az örökbefogadás mellett tesszük le a voksunkat, ez mindenképp nemes lelkű tett. Úgy döntünk, hogy nem csak kutyát szeretnénk tartani, hanem ezzel együtt segíteni egy bajban lévőnek. Ezernyi sikertörténet kering a menhelyről hazavitt és új otthonra találó kutyák életre szóló hálájáról.

A nagylelkűség érzése viszont nem vakíthatja el racionalitásunkat és tudatosságunkat, hiszen magából a helyzetből adódóan fel kell készülnünk pár lehetséges és nehezen kezelhető helyzetre is. Egy mentett kutyának új otthont adni az esetek többségében magát a rehabilitációt is magában hordozza.

Mire egy mentett kutya új gazdára talál, a fizikai rehabilitáció általában már megtörtént, viszont nincs kizárva az, hogy az egészsége károsodott. Arra sincs továbbá garancia, hogy a későbbiekben nem derülnek ki további, addig még rejtett egészségügyi problémák. Ezen felül pedig a sok esetben traumatikus előélet okozta lelki sérülések, vagy a korábbi gondatlan tartásuk miatt, viselkedési problémák léphetnek fel. Ezekre az eshetőségekre mindenképp fel kell készülnünk és kellő türelemmel kell rendelkeznünk ahhoz, hogy ezeknek a kutyáknak valójában segíteni tudjunk. Így nem csak fedelet adunk a fejük fölé, hanem otthonra is találnak.

Visszatérő és vitákat kavaró kérdés, hogy egyáltalán miért is tenyésztenek (akár szándékkal, vagy véletlen "baleset" folytán), amikor a menhelyek tele vannak jobb sorsra érdemes kutyákkal. Miért növeljük tovább a kutyák számát, amikor már így is több van, mint amennyit egyáltalán egy társadalom elbír?

A magam részéről nem értek egyet ezzel a logikával, mivel a kutyák túlnépesedésére elenyésző mértékben van hatással a tudatos tenyésztés. A kóbor kutyák létezésének oka nem más, mint a felelőtlen kutyatartás, és az, hogy az utcára dobásuk "megoldásként" merül fel olyan életszituációkban, amikor a kutya már nem annyira passzol bele a régi életközegébe, vagy a gazdája olyan szituációba került a kutya által, hogy ezt látja az egyedüli megoldásnak.

A fajta jelentősége

A fajták vonatkozásában is számos kérdés felmerül, amelyek mind a mai napig vitákat szülnek. Az egyik legtöbb vitát kiváltó kérdés az, hogy a kutya fajtatiszta vagy keverék legyen-e. A másik vitaforrás pedig a veszélyes fajták kérdésköre.

A köznyelv nagyon sok fajtára rányomta már a "veszélyes" jelzőt, sőt számos olyan ország is akad, ahol bizonyos fajtákat hivatalosan is "veszélyessé" nyilvánítottak, vagy ahol adott fajták tenyésztése mellett azok tartása is tiltott.

A kérdéskör önmagában két problémát is felvet. Egyrészt ez diszkriminál minden olyan fajtát, amely robosztus, az emberi szemnek masszív és erőteljesnek látszódik, karakterisztikája pedig természeténél fogva agresszív, vagy annak tűnik. Másrészt viszont, ez a kategorizálás azt sugallja, hogy az összes többi fajta veszélytelen. Viszont egy dolgot tisztába kell tennünk: minden kutya veszélyes lehet!

Több, mint valószínű, hogy egy nagytestű kutya sokkal nagyobb, akár halálos sérüléseket tud okozni, mint egy kisebb termetű, de ez nem jelenti azt, hogy utóbbi veszélytelen lenne csupán a mérete miatt. Az ilyen esetekben a támadás okozta sérülések mértéke az, ami drasztikusan különbözik.

Való igaz, hogy számos fajta esetében a kutyák idegrendszerének erőssége, stabilitása eltérhet, illetve az ingerküszöbük el is tér más fajtákhoz viszonyítva. Ezen kutyafajták tartása, amelyek ösztönszerűen támadnak és addig nem eresztenek, amíg az áldozat mozog, hatalmas felelősség. A tulajdonosnak tudnia kell hogyan nevelje fel, képezze ki és tartsa őket egy balszerencsés támadás elkerülése érdekében. Nem mondhatja azt senki automatikusan, hogy ezek a köznapiasan nevezett "pitbullok" – még akkor is, hogyha semmi közük a pit bullhoz – teljes mértékben ártalmatlanok és tartásuk nem hordoz veszélyt, de azt sem, hogy mindegyikük magától értetődően egy gyilkológép lenne.

Ha valaki eszerint az egyszerű logika alapján gondolkodik, hogy egy kutya veszélyességi szintje annak fajtájától függ, és vannak veszélyes és nem veszélyes fajták, ez könnyen ahhoz vezethet, hogy megfeledkezünk magáról az emberi felelősségről. Ez a hozzáállás könnyen vezethet ahhoz, hogy maga a tulajdonos feledkezik meg arról, hogy a saját kutyája veszélyes lehet másokra nézve és nem fordít rá megfelelő figyelmet. Minden kutya képes támadni, minden kutya képes harapni, és az áldozatot az sem fogja vigasztalni, hogy a támadó nem egy nagyobb termetű vagy esetleg agresszívabb kutyafajta volt. Amikor valaki nem tartja szükségesnek azt, hogy a saját kutyáját megfelelően képezze, könnyen válhat a kutya agresszívvá és veszélyessé, még akkor is, hogyha nem valamely veszélyesnek kikiáltott kutyafajta képviselője. Ezen kívül pedig bármely kutya rendelkezhet gyenge idegrendszerrel, amely agresszív viselkedést eredményez nála.

A másik és talán sokkal hevesebb vitákat kavaró, fajtákat érintő kérdés alapja azon a feltételezésen nyugszik, hogy a keverékkutyák sokkal egészségesebbek, mint a fajtatiszták.

Ennek a témának a részletes bemutatása, minden tényező körüljárása és az összefüggések felépítése kitenné ennek a könyvnek jó nagy részét. A felszín alatt megannyi nézőpontot és meg nem válaszolt kérdést találunk úgy, hogy az egész téma önmagában csak egy feltételezésen alapul, ugyanis ezt a kijelentést jelenleg semmiféle tudományos kutatás nem támasztja alá. Nincs konkrét arra vonatkozó adatbázis, hogy adott kutyák honnan is származnak, fajtatiszták-e vagy keverékek, ezen kutyák egészségügyi állapota milyen szinten van és ezen állapot változik-e a kutya élete során, és ha igen, akkor milyen irányba. Nem megállapítható továbbá az sem, hogy elhalálozás esetén annak oka visszavezethető-e bármiféle öröklött betegségre. És itt most nem az adott egyedről beszélünk, hanem egy egész társadalomban fellelhető adathalmazról, amely ahhoz lenne szükséges, hogy magát a kiinduló állítást alátámasszuk.

A fenti tényezők mellett felmerül egy további, úgyszintén rendkívül fontos kérdés is a tisztánlátás érdekében: mikor nevezünk egy kutyát fajtatisztának? Számos fajtatisztának tűnő, a fajta jellegeit hordozó kutyát lehet vásárolni a "házi" tenyésztőknek és a szaporítóknak köszönhetően, ezért még annak az alapkategóriának a pontos meghatározása is rendkívül nehéz, hogy valójában mit nevezünk fajtatisztának, illetve hogy egy adott kutya valójában tenyésztőtől származik-e.

Amikor két világ egyesül

A kutya domesztikációjának köszönhető az, hogy jelenlegi szerepét be tudja tölteni társadalmunkban, és hogy olyan közel kerülhetett az emberhez. Miközben megtartotta a genetikai örökséget, abszolút képessé vált beilleszkedni közénk, képes felvenni olyan viselkedésformákat, amelyekkel könnyedén harmonikus kapcsolatba kerülhet az emberrel. Nem tekinthető se vadállatnak, se emberi lénynek. Ha ezen kettő szélsőséges nézőpont közül bármelyiket magunkévá tesszük, az számos állatvédelmi problémát okoz.

Megdöbbentő, de még mindig találkozhatunk olyan emberekkel, akik aszerint az idejét múlt séma szerint gondolkodnak, miszerint a kutyák csak állatok, ebből eredendően pedig semmiféle szükséglettel nem rendelkeznek. Bármi, amit az ember tesz velük, az úgy van jól, annak úgy kell lennie. Ennek az ellenkező pólusú megközelítése pedig az, amikor a kutyákra ugyanúgy tekintünk, mint embertársainkra. Bármennyire furcsának tűnik, de a házi kedvencek túlhumanizálása is ugyanannyira veszélyes lehet, mint szemet hunyni a kutyák valós igényei felett. A kutyák legegészségesebb és legboldogabb élete valahol a két gondolatmenet között, félúton van, amikor felismerjük, hogy valójában mire is van szükségük és akként kezeljük őket, amik valójában: kutyaként.

A kutyák tökéletes gyógyírt jelenthetnek az emberi magányra. Interakcióra képesek, ezáltal reagálnak az emberi érzelmekre, cselekedetekre, így kiváló helyettesítők lehetnek az emberi kapcsolatokban. Valóban fantasztikus társak tudnak lenni. De a kutya ettől még nem emberi lény. Nem baba, kisfiú vagy kislány, hívhatjuk magunkat anyának, vagy apának, ezek úgyis csak szavak, viszont nem nevelhetünk fel egy kutyát ugyanazzal a mentalitással, ahogyan ezt tennénk egy embergyerek esetében. Mert a kutya az kutya, és nem ember.

A kutyák egyedülálló élőlények, köszönhetően mindannak, amit a DNS-ükben hordoznak. Miközben megőrizték az ősi ösztöneiket, ezekre építkezve számos viselkedésformát képesek megtanulni, ami lehetővé teszi azt, hogy hatékonyan beilleszkedjenek az emberi társadalomba.

Arról viszont sosem lenne szabad megfeledkezni, hogy a kutyák viselkedése ösztönökön alapul. A viselkedésüket az ösztöneik határozzák meg, ezerszer jobban, mint az emberek esetében. Minden, amit megtanítunk nekik, szintén ezen az ösztönrendszeren alapul, erre épül fel.

Tekintve, hogy az ösztönök sokkal logikusabbak, mint az érzelmek, ezért a kutyák kiismerhetőbbek és befolyásolhatóbbak lennének, ha ezt szem előtt tartanánk.

Azonban mint tudjuk, nagyon sok kutyát félrenevelnek szimplán azért, mert ez a tényező teljesen figyelmen kívül marad.

A kutyák kiszámíthatóak és befolyásolhatóak, de csak "kutya" módon, "kutya" logikán alapulva, amely sok ember esetében teljes mértékben kimarad a gondolkodásmódból vagy egyszerűen csak felfoghatatlan. Az ösztönök működésének figyelmen kívül hagyására a legszomorúbb példa a rendkívüli, előre nem látott kutyatámadások léte.

Ezen esetek többségében valami nem szokványos dolog kivált valami előre nem látható reakciót a kutya agyában és a póráz másik végén lévő ember (persze, ha egyáltalán van póráz) nincs felkészülve a váratlan helyzet irányítására, vagy akár arra hogy megértse, mi is történt egy egyébként békés kutyával.

Ugyanez a helyzet a tüzelő szukák, vagy a tüzelő szukákkal összetalálkozó kanok esetében. Nem írhatunk felül mélyen gyökerező ösztönöket, és ezért több mint valószínű, hogy egy ilyen helyzetben a kutyánk minden addig megtanult dolgot nagy mértékben figyelmen kívül fog hagyni.

Alapvetően ismerjük saját kutyánk viselkedését. De bármiféle, egyébként jelentéktelennek tűnő, váratlan helyzet okozhat kiszámíthatatlan viselkedési reakciót, amely felkészületlenül érhet minket. Kiszámíthatatlan nekünk, emberek számára. Viszont abszolút logikus a kutyánk ösztöneit és gondolkodását tekintve.

A kutyáknak egészen biztos, hogy vannak érzéseik és érzelmeik, hogy képesek egy bizonyos szintű gondolkodásra, még akkor is, hogyha ezt nem ugyanolyan módon és mértékben teszik, mint mi, emberek. Ebből kiindulva, teljesen mindegy, hogy mennyi hasonlóságot vélünk felfedezni a kutyák és emberek között, attól még a kutya nem rendelkezik emberi viselkedéssel, vagyis viselkedése és az amögött lévő motiváció nem vonható teljes párhuzamba az emberével.

Ennek a félreértésnek a legjobb példája az ételért kunyeráló kutya, lelkiismeret-furdalást keltve a gazdájában, amiért ő éppen nagyon éhezik. Még akkor is, hogyha éppen befejezte már a vacsoráját. Sok gazdi reakciója erre az, hogy tovább eteti őket azért, mert egy felelősségteljes gazda nem hagyhatja, hogy az ő szeretett négylábúja szomorú legyen. Egy jó gazdi fő ismérve, hogy az ő kutyája boldog. Ezzel szemben az evés a legalapvetőbb ösztön és a kutya alaphelyzetben annyit eszik, amennyit csak tud. És mi, emberek abszolút félreértjük ezt a helyzetet, ezzel felhizlalva szeretett kutyánkat, komoly egészségügyi problémákat okozva számára.

Amikor a dolgok eldurvulnak

Ha felelős és jó gazdaként akarjuk felnevelni és tartani kutyánkat, úgy kell gondolkodnunk, mint ő. Szükségünk van a kutyákra vonatkozó alapvető tudásra, ismernünk kell saját kutyánk alapvető attitűdjét, beleértve a hibáit is. Tudnunk kell, hogy hogyan is működik a kutya viselkedése, értenünk kell ahhoz, hogy mikor és hogyan jutalmazzuk vagy intsük rendre, ellenkező esetben csak idő kérdése, hogy mikor veszítjük el felette végleg az irányítást és hozunk létre egy napi szinten irányíthatatlan és kezelhetetlen istencsapását.

Ha félreértjük, vagy egyáltalán nem is foglalkozunk azzal, hogy mélységében megértsük kutyánkat, az ahhoz vezet, hogy félreneveljük őt, ez pedig könnyen nagy bajok okozója lehet. Amikor munkából hazatérve otthonunk megrongált bútorokból álló csatatérre emlékeztet, kedvenc cipőnk darabokra szedve fogad minket, vagy amikor a szomszéd ismét panaszkodik az egész napos, elviselhetetlen ugatás vagy vinnyogás miatt, valamint amikor rádöbbenünk arra, hogy a kutyánk szocializációs problémái miatt agresszívan támad emberre vagy kutyára, akkor be kell látnunk, hogy kontrollt vesztettünk, és egy rendkívül nehezen kordában tartható, vagy helyrehozható szituációban találjuk magunkat. Ekkor már nem arra fogunk visszaemlékezni, hogy mindentől függetlenül azért milyen kis cuki édes szőrgombóc volt anno, hanem, hogy kutyánk valódi és kezelhetetlen koloncá vált a nyakunkon.

Nehéz megállapitani azt, hogy egy kutya viselkedési problémáinak gyökere alaptermészetéből adódik, vagy abból, hogyan lett nevelve, illetve félrenevelve. Gyakorlati szempontból a történések következő szakasza az ilyen jellegű szituációkban az, amely a legjelentősebb állatvédelmi problémákat okozza világszerte: a gondot okozó kutyát kicsapják otthonról.

Legegyszerűbb és leggyorsabb módja a felfordult családi élet helyrerakásának az, hogy megszabadulunk attól a tényezőtől, amely a felfordulást okozza. Sokkal könnyebb, mint végigküzdeni egy bizonytalan hosszúságú és kétes végkimenetelű időszakot, megpróbálva helyrehozni mindazon problémákat, amelyekről akár az is kiderülhet időközben, hogy visszafordíthatatlanok.

Jóval azelőtt, hogy bekövetkezne az a pont, hogy a kutyát kicsapják otthonról, nagy a valószínűsége annak, hogy több alkalommal bántalmazzák is. Ez a frusztráció és a düh következménye, mivel tehetetlenségében képtelennek érzi magát bármi mást tenni, vagy szimplán, mert szüksége van a kutya által okozott feszültség oldására.

Nehéz megmondani, hogy pontosan mi áll a kutya bántalmazások hátterében, mivel gyakran megesik, hogy a kutya egyszerűen csak egy célpont az ember feszültségének "kezelésében". Kutatások már több alkalommal kimutatták, hogy abban az esetben amikor egy ember képes fizikailag bántalmazni egy állatot, nagy a valószínűsége annak is, hogy családon belüli bántalmazás is történik. Ezekben az esetekben az állatbántalmazás nem közvetlenül a kutyához köthető dolog, hanem arról van szó, hogy a személy, aki komoly viselkedési és konfliktuskezelési problémákkal küzd, saját frusztrációjának oldásához egy sokkal könnyebb és egyszerűbb módot talál: egy olyan célpontot, amely nála gyengébb és képtelen válaszreakcióként visszaütni.

A rögös út

Kutyát tartani számos és eltérő tudást és tapasztalatot igényel. Alapvetően praktikus teljes egészében ismerni az adott fajta jellemzőit. Ezen túlmenően meg kell ismernünk saját kutyánk személyiségét is, ismernünk kell mit hogyan kommunikál, hogyan reagál bizonyos élethelyzetekre. Egy hullámhosszra kell kerülnünk, figyelembe véve milyen tulajdonságokat, készségeket hordoz génjeiben, és meg kell tanítanunk neki a szociális interakciót más kutyákkal és emberekkel.

Mindezek mellett ismernünk kell kutyánk biológiáját is és tudnunk kell, hogy hogyan tarthatjuk egészségesen és boldogan, sőt, azt is tudnunk kell, hogy betegség esetén vagy vészhelyzetben mi a teendő.

Mindezen tudás elsajátítása, karbantartása egy élethosszig tartó tanulási folyamatot kíván meg a kutya gazdájától.

A kutyákkal kapcsolatos tudás elsajátításának fontossága kétségen kívüli. Mégis, állatvédelmi szempontból ez a terület kevésbé kiforrott és eredményeket elérni is sokkal tovább tart.

Azok a kutyatartók, akiknek egyébként is feltett szándékuk, hogy jó gazdik legyenek és megteremtsék a megfelelő körülményeket a négylábú családtag számára, pontosan ők azok, akik rá fogják szánni az idejüket és erőfeszítést tesznek azért, hogy tanuljanak. Törődnek mindezzel azért, mert átérzik saját felelősségüket és késztetést éreznek arra, hogy minél többet tanuljanak, hogy minél felelősségteljesebbé váljanak.

Viszont mi a helyzet azokkal, akik még annak sincsenek tudatában, hogy a kutyákkal kapcsolatos tudásuk nem megfelelő vagy teljesen rossz? Úgy hiszik, tudnak eleget, nincs már más tudás amit el kéne sajátítaniuk, vagy egyszerűen nem is érdekli őket az, hogy egy szemernyivel többet tudjanak ahhoz, hogy normális körülmények között és megfelelő módon tartsanak kutyát. Ez egy hatalmas kihívás bármely szervezet részére, amely állatvédelemmel kapcsolatos oktatási tevékenységet végez.

A szürkületi zóna

Az állatvédelmi tevékenységek többsége kizárólag a kóbor kutyák otthontalálásáról és a bántalmazott kutyák rehabilitációjáról szól. Ha valóban szeretnénk elérni, kontroll alatt tartani és kezelni azokat a tényezőket, amelyek következtében a kutyákat utcára teszik vagy bántalmazzák őket, legelőször meg kell találnunk ezen problémák valós gyökerét és a valós okokra kell koncentrálnunk. Mégis, amikor az állatvédelemről beszélünk, azzal kell szembesülnünk, hogy az esetek többségében az egyszerű családok kutyatartási kultúrája teljes mértékben látókörön kívül van, mint állatvédelmi problémák forrása. Egészen addig, amíg valamilyen komolyabb dolog nem történik, amely odavonzaná a média vagy a hatóságok figyelmét.

A legtöbb probléma a kutyák otthonából ered, és rossz esetben onnan gyűrűzik tovább. Ahogy a gyermekek felnevelése is családonként eltér, úgy változik házról házra a kutyák tenyésztése, tartása, nevelése is.

A kóbor kutyák, kivéve természetesen azokat, akiknek anyja is már a szabad ég alatt élt, háztartásokból érkeznek. Vagy túlszaporodás miatt, vagy azért, mert a gazdái feladták a harcot és beleuntak az irányíthatatlan, neveletlen és elkényeztetett kutyák okozta problémákba, akik hajdanán egyébként mindenki kedvenc szőrgombolyagjai voltak.

Amikor jelentős változásra van szükség az élet bármely területén, a problémákat pontosan ott kell kezelnünk, ahonnan azok származnak, egyébként az egész küzdelem túl hosszúra fog nyúlni és nagyon valószínű, hogy zsákutcába is vezet.

Ahhoz, hogy egy csatát megnyerjünk, pontosan tudnunk kell, ki is valójában az "ellenség", aki ellen küzdünk.

Második fejezet

Több kutya, kevesebb otthon

A kóbor kutyák helyzete évtizedek óta az egyik legsúlyosabb állatvédelmi probléma. Az önkéntes állatmentők és a menhelyek soha véget nem érő harcot folytatnak azért, hogy ezeknek az állatoknak az életét, amelyet az ember vakvágányra terelt, helyrehozzák. Emellett viszont további, heves vitákat kiváltó kérdések is felmerülnek. Egyáltalán minek tenyészt bárki is kutyát, ha a menhelyek tömve vannak? Mi értelme egy fajtatiszta kutyát megvásárolni egy kisebb vagyonért, amikor egy menhelyről adoptálva nem hogy pénzt lehet spórolni, de egyúttal egy hányatott sorsú kutya életét is meg lehet menteni? Egyszerű kérdés, amire egyszerű válasz adható: mert különben hosszútávon sosem fog csökkenni a kóbor kutyák száma.

A kegyetlen valóság

Bárkinek, aki jelen van közösségi oldalakon, egészen biztosan van legalább egy ismerőse (valós vagy virtuális) aki felelősséget érez az állatok jóléte iránt. Visszatérően ismétlődik meg az a helyzet, amikor ismét egy szomorú szemű, elhanyagolt külsejű, jobb életre érdemes kutya bámul a kamerába új otthont keresve magának. Az érzelmektől fűtött felirat az esetek többségében tettre szólít: egy újabb kutyát mentettek, a menhely pedig zsúfolásig tömve.

Számomra az állatvédelmi tevékenységek közül a legemberpróbálóbb és a legkegyetlenebb terület a kóbor kutyák mentése és rehabilitációja. Kétlem, hogy bármi efféle felmérés létezne, de biztos vagyok abban, hogy ezek a kutyák rendkívül rossz fizikai állapotban kerülnek a menhelyek oltalmazó szárnyai alá. Meggyötörve, bántalmazva, megromlott egészségügyi állapotban, olykor tartós egészségkárosodással. Nem is említve az átélt nehézségek és traumatikus élmények miatt kialakult mentális problémákat, amelyek a későbbiekben komoly és akár maradandó viselkedésproblémákat okozhatnak.

Ha valaki kutyák mentésére adja a fejét, az azért van, mert törődik velük és segíteni szeretne rajtuk, célja jobbá tenni az életüket. De amíg mindezt teszi – és nem számít, hogy pénzért főállásban, vagy mint önkéntes segítő – nap mint nap szembesülni kénytelen az emberi természet kegyetlenségével. Egy kutya megmentve, az egészségügyi állapota stabilizálva, rehabilitálva, indulhat az új gazdi keresése. Kitartó keresés után megvan az új otthon, remélhetőleg megfelelő és állandó lesz. Ez hoz egy kis reményt és boldogságot a menhely életébe, aztán megérkezik a következő hívás, hogy itt van a következő utcán kóborló kutya a megadott címen, akinek azonnali segítségre van szüksége.

Őszintén bevallom, ez nem az a dolog, amit én képes lennék akár rövid távon folytatni. Azok, akik eléggé erősek ahhoz, hogy mindezekkel a helyzetekkel szembenézzenek és végigküzdjék magukat rajtuk, minden tiszteletemet kiérdemlik. Nagyon sok ilyen területen tevékenykedő állatvédőt láttam már teljesen kiégni, majd később feladni mindenféle állatvédelmi tevékenységet, vagy egyszerűen annyira meggyűlölték az embereket, hogy ez az emberi kapcsolataikra is erősen rányomta a bélyegét, saját lelkiállapotukat pedig akkor még nem is részleteztem.

A kutyák mentése és rehabilitációja létfontosságú, de nem lehet az egyetlen egy módja az összes állatvédelmi probléma kezelésének. Jó volna megtalálni annak a mikéntjét, hogy ne csak a kutyamentés kerüljön támogatásra, hanem az "utánpótlás" is lecsökkenjen. A legjobb az lenne, ha lenne megoldás az elhagyott kutyák számának csökkentésére. Megszűnjön végre az az állapot, miszerint egy mentett kutya otthonra találása után kettő másik kerül az utcára. Igazán hathatós segítség lenne, ami hosszú távra kihat.

Feledkezzünk meg most a meggyötört kutyák szomorú tekintetéről és váltsunk nézőpontot, nézzük meg a dolgokat más szemszögből. Derítsük fel, hogy a kóbor kutyák száma hogyan befolyásolható és mik azok a fő mozgatórugók, amelyek elsősorban mindezért felelősek.

A képlet

Ha elméleti síkon szeretnénk egy adott problémát megoldani, a régóta bevált, és emiatt legkézenfekvőbb megoldás a komplett folyamat modellezése, beleértve a folyamatra kiható minden jelentős és jelentéktelennek tűnő tényezőt is, akármekkora kihatása is van arra, illetve annak a végeredményére.

A kóbor kutyák létezése a faj túlnépesedésére vezethető vissza. Nem igazán szoktunk beszélni a túlnépesedésről a mókusok, a pókok és a szúnyogok esetében (kivéve persze, hogyha annyira túlszaporodnak, hogy az ember komfortját veszélyeztetik), viszont a kutyák háziállatok, mi több, azon belül is külön szerepet töltenek be társadalmunkban. Amikor több kutya van, mint otthon, amely kutyát tartana, túlkínálat alakul ki. Ha kevesebb az otthon, mint az otthonra vágyó kutya, az kóbor kutyákat eredményez. Egy nem elhanyagolható szempont ebben a témában az, hogy a kutya nem egy termék, mint például egy TV, amelyet egy raktárban lehet tárolni akár hosszú időn keresztül, ha esetleg többet termeltünk belőle. Ezzel szemben, akár szándékosan, akár szándék nélkül, de a kutyákat "termelik". Akár van rájuk szükség, akár nincs.

Ebben az egyenletben, amely a kutyák túlszaporodását mutatja, két változó van működésben: a kutyák teljes populációja, valamint azon emberek száma, akikben megvan a kutyatartás szándéka. Akár már van kutyájuk, akár tervezik azt. Mindkettő tényező gyors és állandó változásban van, lehetetlen akár megsaccolni, vagy közvetlen módon befolyásolni őket.

Hogyha tényleg szeretnénk mindazok munkáját megkönnyíteni, akik mentéssel foglalkoznak és a komplett jelenséget elemezzük, a képlet értelmében vagy azok számát kell megnövelnünk, akik kutya tartási szándékkal rendelkeznek, vagy pedig a megszületendő kutyák számát kell csökkentenünk.

Amikor egy kutya feltűnik a társadalom radarján új otthont keresve, és tekintsünk el attól, hogy egy kóbor kutyáról vagy egy újonnan született fajtatiszta kutyáról beszélünk, senki sem kényszeríthet több embert arra, hogy kutyát tartson, mint amennyien ezt szeretnék. Ebből adódóan, az a tényező, amely azon otthonok számát reprezentálja, amelyek kutyát tartanak, vagy szándékoznak tartani, nem igazán befolyásolható. Nagyon fontos figyelembe venni viszont, hogy nagyon könnyen felütheti a fejét az egyik tényezőben bekövetkező anomália, amelynek negatív kihatása van a már említett egyenlőségre és növeli az elhagyott kutyák számát: azon háztartások, amelyek már rendelkeznek kutyával és mégis úgy döntenek, ennek véget vetnek.

Amikor a bajok elkezdődnek

Azok a kutyák is, akik látszólag letelepedtek új otthonukban, könnyen az utcán találhatják magukat. Nyilvánvaló, hogy soha nem tudjuk meg az igazi okát annak, hogy az az öreg kutya miért baktat magányába burkolózva, vagy az a pár hónapos kölyök miért próbálja kétségbeesve megkeresni a hazafele vezető utat az országút szélén, vagy mi volt a bűne az összevert és fához kötözött kutyának.

Bármi is történt ezekkel a kutyákkal, az az emberek kontójára írható. Még abban az esetben is, ha egy kutya megszökött otthonról, mert megijedt a tűzijáték félelmetes durrogásától, az is a felelőtlen emberi magatartás következménye. Viszont nagy valószínűséggel nem ez az utóbbi a jellemző oka annak, hogy kutyák miért kerülnek az utcára.

Az ok, ami a kutyák szándékos utcára dobása mögött áll, az az, hogy a gazdáik számára teherré váltak. Vagy neveletlenségükkel forgatták fel mindenki életét, vagy valamely más, közvetett módon váltak otthonukban nem kívánatos személlyé. Elkeserítő látni, hogy nagyon sok öreg vagy beteg kutyát hagynak el. Az állatorvosi kezelés sokba kerülhet és ez az állattartás olyan eleme, amelynek felmerülését sok esetben teljesen figyelmen kívül hagyják. Ezek a kutyák, amely idősek, vagy egészségügyi állapotuk megromlott, igazán nehéz helyzetben vannak, mivel számukra egy új otthon megtalálása nem túl sok reménnyel kecsegtet.

Sok esetben megtörténik az is, hogy a körülmények változnak és valaki képtelen lesz tovább tartani a szeretett állatot. Vagy vegyük például azt az esetet, amikor valaki megörököl egy kutyát. Ebben az esetben az illető örülhet, ha sikerül találnia új otthont a nem várt jövevénynek, ha saját maga nem tudja megoldani a tartását. A legvégső esetben a kutyát beadhatja egy menhelyre, függetlenül attól, hogy mennyire rosszul fogja magát érezni, vagy mások mennyire vetik ezért meg. Legalább humánusabb megoldás, mint a kutyát az utcára dobni. Az élet hozhat nehéz döntéshelyzeteket... és időnként meg is teszi!

Túlszaporodás

Hatalmas segítség lenne, hogyha képesek lennénk kommunikálni közvetlenül a kutyákkal. Csak meg kéne kérdezni őket, hogy honnan jöttek, hogy nevelkedtek, hogyan és miért hagyták el őket, és végül, de nem utolsó sorban, hol születtek. Ezerszer jobban tudnánk kezelni minden problémát.

A kutyakölykök különféle helyekről származhatnak. Lehet ez egy menhely, egy tenyésztő vagy akár egy internetes oldal.

Abban a pillanatban, amikor egy fedezés megtörténik, egyből felmerül egy következő kóbor kutya eshetősége. A fedezésből alom jön létre, az alomban kiskutyák vannak, akiknek előbb utóbb új otthonra lesz szükségük. Kérdés, hogy valóban lesz-e?

Figyelembe véve, hogy a kutyakínálat sokkal magasabb, mint azon otthonok száma, amelyek kutyát szeretnének tartani, teljesen jogos az az ismétlődő kérdés, hogy mi motivál valakit egy fedeztetésre, ha a kutyák, amelyek meg fognak születni, abszolút nem biztos, hogy otthonra is fognak találni mindannyian? Mi a valós szándéka annak a személynek, aki meghozza azt a döntést, hogy akkor most egy alomnyi kiskutya megszülessen?

Nem lehet elégszer elmondani, hogyha lenne bármiféle adatunk a kutyák származását illetően, ez hatalmas segítség lenne a törvényalkotók és mindazok számára akik napi szinten foglalkoznak állatvédelemmel, hogy a kóbor kutyák száma csökkeni tudjon. Ezzel szemben semmi sem áll rendelkezésünkre és senki sem tudhatja annak arányát, hogy egy menhelyre került vagy egy fához kikötött kutya otthoni pároztatásból, tenyésztőtől, szaporítótól, vagy kóbor kutyák közötti párzásból származik-e.

A „tenyésztő" és „tenyésztés" fogalmak értelmezését is érdemes megnézni közelebbről. A tenyésztőt, és az általa végzett tevékenységet, a tenyésztést, sok esetben azonosítjuk magával a regisztrációval. Az esetek nagy többségében párhuzamot vonunk és azt mondjuk, hogy az a tenyésztő, akinek kiváltott kennelneve van és a kutyái pedigrével rendelkeznek.

Definiálhatjuk így a dolgokat. Ekkor sem szabad viszont arról elfeledkeznünk, hogy a tenyésztés, mint egy olyan tevékenység, ahol az egyed reprodukálásra kerül, nem egy regisztráláshoz kötött dolog. Ergo, a kutyák anélkül is szaporodnak, hogy pedigréjük lenne. Ebből adódóan nem csak a regisztrált tenyésztők azok, akik almokat hoznak létre. Nyugodtan mondhatjuk, hogy minden tenyésztő tenyészt. Viszont nem mindenki, aki tenyészt, tenyésztő. Jelenleg a szóhasználatban ezen különbség érzékeltetésére a „tenyésztés" és a „szaporítás" szavakat használjuk, de nem teljesen egységesen és sokszor nem is tudjuk, hogy mikor melyik állja meg a helyét.

A tenyésztők tevékenysége az, ami leginkább szem előtt van. Látható és nyomon követhető. Ez hozománya annak, hogy a tenyésztők esetében a náluk született almok regisztrálásra kerülnek. Őszintén kétlem, hogy a tenyésztőktől származó almok a kóbor kutyák populációjának nagy hányadát képviselnék.

Ahogy nincs pontos információnk arról, hogy mennyi kóbor kutya van, azt is csak nagy vonalakban lehet megsaccolni, hogy hány kutya jön a világra úgy, hogy már egyből otthontalanok és az utca neveli fel őket.

A szaporítók jelentős állatvédelmi problémákat okoznak számos országban. Először is egy háttérben zajló illegális kereskedelemről beszélünk. Továbbá, magát a szaporító telepek konkrét létét és tevékenységüket is homály fedi az esetek többségében. Létezésükről leginkább az általuk okozott problémák miatt tudunk.

Amint egy kölyök elhagyja a szaporító telepet, lehetetlen visszakövetni azt, hogy honnan is jött. És mivel abszolút nincs mód arra, hogy szimplán ránézésre bárki meghatározza ezen kutyák egészségügyi és mentális kondícióját, valóban kereskedelmi és könnyen forgalomba hozható termékek minden értelemben.

Ugyanez igaz a házilagos, hobby tenyésztésre is, ami akkor következik be, amikor egy kutyatulajdonos úgy dönt, hogy nekiáll tenyészteni attól az indíttatástól vezérelve, hogy keressen egy kis többletet a családi kasszába.

Az anyagiak irányítják az életünket, ez egyértelmű és nem lehet vita tárgya. Az etetés, gondozás és az állatorvos kihívása gond esetén, mind pénzbe kerül. A felelősségteljesség drága dolog. Amikor egy alom megszületéséről döntünk, nagyon nagy jelentőséggel bír az alaphozzáállás: törődünk-e azzal mi lesz a sorsa a megszületendő kölyköknek, vagy csak egyszerűen a potenciális bevétel az, ami szemünk előtt lebeg. Amikor valaki a tenyésztést szimplán egy pénzforrási lehetőségnek tekinti, teljesen figyelmen kívül hagyva a kutya szükségleteit, azzal megteremt egy jelentős kihatású problémaforrást, amely számos komoly állatvédelmi problémát okoz, többek között a túlszaporodást is.

A nemtörődömség tényezője

Az emberekkel ellentétben viszont a kutyák szempontjából a párzásnak köze nincs a pénzhez. A kutyák ösztönből párzanak és nem azért a pénzért, amit ezért cserébe kaphatnak. Ennek figyelmen kívül hagyása pedig az egyik legnagyobb állatjóléti problémát okozza: az ivartalanítás hiányát.

Az emberek nagy része hajlamos az empátiára és magam is férfiember lévén meg tudom érteni azokat, akik idegesek lesznek a puszta gondolattól is, hogy a nemi szervüket eltávolítsák. Másrészt viszont az emberek abba nem gondolnak bele, hogy ennek a gondolkodásnak milyen következményei lesznek.

A nem tervezett vemhesség jelentősen növeli a kutyák túlnépesedését és nagyon könnyen kihathat a kóbor állatok létszámára is. Ki az, aki ne látott volna már – akár képen – kartondobozba csomagolt, erdőben, parkolóban, sötét utcán hagyott kölyökkutyákat?

A felelőtlenség miatt, ilyen módon okozott "balesetek" száma jelentős. A szuka tüzelésbe kezd, a közelben lévő kan ezt megérzi, és az újszülött egyedek pár héten belül már ott is vannak. Egyszerű történet, egy rendkívül nem kívánatos és többségében komplikált végeredménnyel és bizonytalan végkimenetellel.

A kutyák, és leginkább a szukák ivartalanítása, rendkívül fontos a kutyák túlnépesedésének megfékezése és a kóbor állatok számának csökkentése szempontjából. Ez az oka annak, hogy számos szervezet folytat időről időre figyelemfelhívó kampányokat az ivartalanítás fontosságáról, és a menhelyek túlnyomó többsége is már csak ivartalanított kutyát ad örökbe. Szerencsére egyre több profi tenyésztő is elzárkózik attól, hogy házi kedvenc célra ivartalanítás nélküli kutyát adjon el.

A vereségre ítélt csata

A menhelyek zsúfolásig tele adoptálásra váró kutyákkal, a tenyésztők kenneljei pedig mindeközben újabb és újabb almokat kínálnak megvételre. Klasszikus kiélezett verseny: honnan és melyiket vigyék haza a potenciális vásárlók?

Viszont mi a helyzet azokkal a kutyákkal, amelyek a homályból lépnek elő, köszönhetően a felelőtlen házi tenyésztésnek, vagy a szaporítók tömeges számú termelésének, amely nagyban hasonlít arra, ahogy a szezonális ruhákat is előállítják? Ez a kutyákat "termelő" csoport konkrétan nincs benne semmilyen probléma elemzésében, mivel közvetlen, de sok esetben közvetett adat sincs róluk. Ezt a tényezőt rendszeresen figyelmen kívül hagyjuk, csupán azért, mert a jelenléte nem érzékelhető. És az ember hajlamos arra, hogy ami nincs a szeme előtt, arra úgy tekint, mintha nem is lenne.

Emiatt van az, hogy az esetek többségében a regisztrált tenyésztő az, aki támadás kereszttüzébe kerül, mihelyt felmerül a túlszaporodás kérdésköre. Miért tenyésztenek további kutyákat amikor a menhelyek már tele vannak? Ezen leegyszerűsített gondolkodásmódnak velejárója az, hogy a tenyésztők a felelősek minden bajért, mivel a legtöbb ember a történet két említett, mindenki számára látható szereplőjét veszi csak észre: a menhelyeket és a tenyésztőket. Megjegyzem – és nem mellékesen – hogy a menhelyek általában keverékkutyákkal vannak tele. Ezek a kutyák egészen biztosan nem a tenyésztőktől származnak. Ez bármiféle statisztika léte nélkül egyértelmű. Ezt továbbgondolva pedig egyértelmű, hogyha elméleti síkon a tenyésztők megszűnnének létezni, az említett kutyák továbbra is a menhelyeken lennének és a következő generációs kóbor kutyák problémája se lenne megoldva.

Ahogy ezt többször kiemeltem már a jelenség fontossága miatt, a regisztrált tenyésztők tevékenysége látható. A személyek maguk, a náluk megszülető almok mind regisztrálva vannak, és amikor bármiféle olyan cselekmény bekövetkezik, amely sérti az állatok jólétét biztosító jogszabályokat, a tenyésztő felelősségre vonható. Továbbá a tenyésztők, akik ténylegesen professzionálisan mint szakmát űzik a tenyésztést, teljes mértékben figyelemmel kísérik és figyelembe veszik a piac változását, ezért nem termelnek túlkínálatot. Ennek legnyomósabb oka, hogy egy professzionális szinten kezelt alom nagy pénzügyi befektetést igényel, emiatt az el nem adott kölykök nagy veszteséget okoznak. Fontos azt is szem előtt tartani, hogy mivel ezek a kutyák regisztrálásra kerülnek, bármelyik bármilyen okból kifolyólag a későbbiekben az utcára kerül, egyértelműen visszakövethető a tenyésztőhöz, és egy ilyen helyzet nagyban veszélyezteti a jól felépített hírnevét. Viszont mindezen említett jellemzők egyike sem található meg az otthoni tenyésztés és a szaporítók esetében.

Amit egyértelműen és átláthatóan érzékelünk, csak azt tudjuk megváltoztatni, irányítani, a működésén módosítani, finomítani. Sajnálatos módon ezért előfordulnak olyan országok, ahol az állatvédelmi stratégiák arra irányulnak, hogy betiltsák vagy megnehezítsék a regisztrált tenyésztést azért, hogy a kóbor kutyák számát csökkentsék. Egy ilyen helyzet vagy akár nemzeti szintű szabályozás rendkívül könnyen kivitelezhető és azonnali, jól hangzó és látványos eredményt hoz. De ez csak rövid távon fog bármi eredményt hozni. Hosszú távon haszna nem, csak kára lenne.

Képzeljünk el egy világot, ahol a regisztrált tenyésztés teljes mértékben kiiktatásra kerül. Az, hogy eltűnnek a tenyésztők a színről, nem jelenti azt, hogy a kutyák iránti kereslet változna. Mert az, hogy egy adott országban hányan akarnak kutyát tartani, az ettől teljesen független.

Továbbá, ennek nincs kihatása a látószögünkön kívül eső szürkületi zónára sem, amely az otthoni tenyésztést és a szaporítókat foglalja magában. Illetve egyetlen egy kihatása lehet: ezek a szereplők nagyban erősödhetnek. Eltűnni viszont nem fognak. Minél átláthatóbb maga a tenyésztési folyamat, annál kevesebb lesz a probléma. És minél kevesebb támogatást kap a regisztrált tenyésztés, annál jobban erősödnek az ellenőrizhetetlen források.

Sokat beszélünk a felelős kutyatartásról, amely nem koncentrálhat kizárólag a kutya mindennapi tartására, mivel egy alomnak életet adni és azt felnevelni ugyanekkora felelősséget hordoz magában.

Ha csökkenteni szeretnénk az utcán kóborló vagy a menhelyen tengődő kutyák számát, nem csak ezen állatok otthonteremtését kell megoldanunk, de biztosra kell mennünk abban is, hogy az utánpótlás elmarad. A kutyákért folytatott küzdelemben – kiváltképp a kóbor ebek esetében – elengedhetetlen azt meglátni, hogy a felelős ebtenyésztés előtérbe helyezése és támogatása hosszú távon pozitív hatással van a kutyák társadalmára. Ellenkező esetben a túlnépesedést okozó tényezők továbbra is működésben lesznek, további kóbor állatokat taszítva az utcára, akiket meg kell menteni és biztonságba helyezni.

Harmadik fejezet

Szaporítók

Szerencsére egyre több állatvédelmi kampány tűzi ki céljául a szaporítók tevékenységére és ennek következményeire történő figyelemfelhívást, bemutatva, hogy egy olyan dologról van szó, amely ellen tenni kell. Szó nélkül elmenni mellette pedig végképp nem szabad. A társadalom oktatása a szaporítók létezéséről és arról a kárról, amit tevékenységükkel okoznak, elengedhetetlen. Vajon ez az információ kellőn komplex és részletes ahhoz, hogy bemutassa a teljes folyamatot és minden kihatását? Ezen túlmenően, egyértelmű és világos az, hogy kik ellen küzdünk valójában? Ki nevezhető szaporítónak? És miért van rendkívül veszélyes hatása a társadalomra?

Terminológia

Legelőször kezdjünk azzal, ami általában az alapvető problémát szokta okozni: határozzuk meg, kikről is beszélünk.

A "szaporító", mint kutyát tenyésztő személy erős negatív megítéléssel, magyar nyelvű pontos definícióval nem rendelkezik. Nemzetközi szinten körbenézve egymáshoz hasonló fogalmakat találunk, függően attól, hogy milyen forráshoz fordultunk. Az Oxford Dictionary meghatározása szerint "*egy olyan intézmény, amely eladás céljából tenyészt kutyákat, tipikusan nagy számban és olyan körülmények között, amelyet embertelennek tekintünk*". A The Kennel Club megfogalmazása szerint "*a szaporító egy nagyüzemben tenyésztő személy, aki úgy végez tenyésztést, hogy eközben a kölykök és a szülők jólétét és egészségét kis mértékben, vagy egyáltalán nem veszi figyelembe*". A Wikipedia definíciója pedig úgy írja le a jelenséget, hogy "*a szaporító kereskedelmi kutyatenyésztő létesítmény, amelynek működésekor a profit előrébb való, mint a tenyésztett kutyák jóléte, a tartási körülmények pedig a normális elvárási szint alatt vannak*".

Mindhárom definícióban találunk egyező, ismétlődő elemeket: egészségügyi ellátás hiánya, pénzügyi haszonért történő értékesítés és nagy számú almok léte. Ezek a fogalmak ránézésre egyértelműnek és könnyen érthetőnek látszanak.

Amennyiben egy jelenség ellen hatékonyan akarunk küzdeni, első körben a szituációról ki kell jelenteni azt, hogy káros, helytelen és tenni kell ellene. Ez a kinyilatkozás történhet a társadalom, egy hatóság, vagy az egyén részéről, akinek rálátása és irányítása van – közvetlen vagy közvetett módon – az adott helyzet felett. Vajon a jelenleg élő definíciók, amelyek teljes mértékben íratlanok, elégségesek-e arra, hogy lehetővé tegyék a következetes elbírálás meghozatalát azokról a körülményekről, amelyben egy alom megszületetett? Mindhárom definíció esetében érdemes körüljárni, hogy ezek jelentése mennyire húzható rá a valós élet valós helyzeteire és problémáira.

Az, hogy valakit úgy határozzunk meg, mint szaporító, ahhoz az kell, hogy egyértelmű különbséget tudjunk tenni aközött, hogy ki a felelős tenyésztő és ki a „sötét oldalon" tevékenykedő kutya előállító. A valós életben, valós helyzetekben kell ítélkeznünk már megtörtént élethelyzetek felett, és el kell döntenünk, hogy az érintett személy tett-e rosszat vagy sem?

A hajszálvékony határvonal

Amikor tenyésztéssel kapcsolatba hozható állatvédelmi kérdések felmerülnek, sok esetben egyértelműen kijelenthető az, hogy az adott szituáció káros és elítélendő.

Mindannyian láttunk már képeket megkérdőjelezhetetlenül rossz higiénés állapotú helyszínekről, az ott talált rossz vagy szélsőségesen rossz egészségügyi állapotú kutyákról, szukákról, akik egyértelműen elletőgépként voltak használva gyomorforgató és sokkoló körülmények között. Ezekben a helyzetekben egyértelmű az, hogy állatkínzásról beszélünk. Kiváltképp, ha az adott ország jogszabályi környezete is ismeri ezt a fogalmat, és annak definíciója az ilyen helyzetekben megállja a helyét.

A helyzet viszont nem minden esetben ennyire kristálytiszta. Amikor egy szituációról, annak megismert körülményei alapján a magánember, egy hatóság, vagy egy kennel club bizottsága döntést akar hozni a rendelkezésre álló bizonyítékok alapján, hogy vajon az adott személy bűncselekményt követett-e el (jelen kontextusban: szaporító-e az illető) azáltal, hogy milyen körülmények között tartott egy, vagy több almot, a körültekintés több szempontból is nagyon fontos.

Azt mondjuk, hogy a szaporítók figyelmen kívül hagyják a kutyák egészségét, ebbe beleértve a szülőkét is. Az egészségesség kettébontható közvetlen és közvetett tényezőkre, mivel nem csak a kutya aktuális egészségi állapotáról beszélünk, hanem a tágabb értelembe vett körülményekről és a környezetről is, amiben a kutya él.

Hogyha csak közvetlen értelemben nézzük az állategészségügyet, még akkor sem teljesen egyszerű a dolgunk. A kutya egészségügyi állapota nem csak akkor jó, hogyha ránézésre nem állapítható meg a bőrén, a szőrén, egyéb testrészeken bármiféle betegségre utaló elváltozás. A kutya akkor egészséges, hogyha mentes örökletes, fertőző vagy egyéb betegségektől függetlenül attól, hogy ezek tünetei észlelhetőek-e az adott pillanatban. Ezen túlmenően az általános egészségügyi állapot függ attól, hogy megkapta-e a szükséges oltásokat és a szervezetének megfelelő táplálkozás biztosítva volt-e számára. Nem elhanyagolható tényező a tartás helye és annak jellemzői sem, ahol a kutya él, mivel mindez szintén kihat az egészségére.

Az állatbántalmazás egyértelmű, amikor az egész közeg ahol a kutya él úgy néz ki, mint egy putri. De mi van azzal, amikor egy apró lakásban tenyésztenek kutyákat? Ebben az esetben mennyi az, amennyi még megfelelően és megfelelő egészségügyi állapotban tartható? Mindezt ki dönti el és állítja fel a korlátokat? És mi lesz a döntésünk akkor, ha egy kis lakásról beszélünk, viszont a tulajdonos gondoskodik arról, hogy a kutya a lakáson kívül a szabadban megfelelő mennyiségű mozgáshoz jusson?

Az örökletes betegségek kérdéskörét úgyszintén nem lenne szabad túl egyszerűen kezelni. A gének működése trükkös dolog. Mivel a tudománynak nincs pontos és részletes tudása arról, hogy a gének valójában hogyan is működnek és milyen jellegű defektusok keletkezhetnek egy alomban és miért, hogyan lenne képes ezt bárki aki tenyészt 100%-ban kiszűrni és garantálni?

Mindemellett számos olyan fertőzés van, amelyet nem lehet megelőzni, bármit is tesz a tulajdonos, vagy az állatorvos, függetlenül attól, hogy minderre mennyi pénzt áldoznak.

Az „egészséges", mint állapot meghatározásában egyértelműen túl sok dolog közrejátszik és túl sok dolog megfontolandó. Nem elegendő azt mondani, hogy minden kutyának – a kölyköknek és szüleiknek is – egészségesnek kell lennie. Melyek azok a helyzetek, amikor azt mondhatjuk, hogy a kutya egészségügyi helyzetéért az adott ember felelős és ezért hibáztatni is lehet?

Az almok, a kölykök és a tartott kutyák számának tekintetében van pár népszerű köznapi vélemény, amely kijelenti, hogy a szaporító az, aki több, vagy nagy mennyiségű kutyát tart tenyésztés céljából.

Újból oda lyukadunk ki, hogy ki az, aki meg tudja határozni, hogy mennyi a sok kutya? Ki dönti el, hogy mi a sok és mi a kevés? És tulajdonképp, ha én megengedhetem magamnak azt, hogy fenntartsak egy hatalmas nagy tanyát, ahol felállítok egy légkondicionált kennelt, hatalmas és tágas kifutóval a kutyák számára, és még azt is megtehetem, hogy felveszek három embert, akik gondját viselik a kutyáknak, akkor én most automatikusan szaporító vagyok, mert sok kutyám van?

Egyértelmű, hogy a kutyák számának meghatározása ilyen vonatkozásban pontos körülírást igényel abban a tekintetben, hogy egy szukakutya mennyit és milyen gyakorisággal ellik. Viszont ha azt mondjuk csak, hogy a túl sok kutya elfogadhatatlan, az önmagában nem elegendő.

A definíciók szerint a szaporítókra jellemző jelentős tulajdonság a profitorientáltság. A szaporítók üzleti haszonszerzés céljából hozzák létre a kölyköket. Ha ismét felszínesen és egyszerűen gondolkodunk, mondhatjuk azt is, hogy bárki, aki valaha pénzt fogadott el egy kutyakölyökért, az rossz ember, mivel nem is a kutya érdekli, hanem a vele megszerezhető pénzösszeg.

Kutyát tartani mindig is pénzbe került. Erről a tényről nagyon sokan teljesen megfeledkeznek, és ha előre figyelembe vennék az anyagi tényezőt, utána járnának a „mennyi is az annyi" kérdésnek, lehet, hogy magának az alapgondolatnak is búcsút mondanának. Amikor valaki nem csak felelős tulajdonosként, hanem felelős tenyésztőként is el akar járni, ez tetemes anyagi ráfordítást követelhet meg. Ilyenkor nem csak a szülők tartásáról, hanem a kölykök jólétéről is szó van már. Több éhes száj, több probléma, gyakoribb állatorvosi számlák. Elég csak egy pillantást vetni arra is, hogy mennyibe kerül például egy DNS teszt, egy komplett alom regisztrációja, illetve minden olyan lépés megtétele, ami a regisztrációhoz szükséges.

Melyik a jobb? Elkölteni egy kisebb-nagyobb összeget, amelyet utána a kölykök árán beszed valaki? Vagy egyáltalán nem foglalkozni ezzel, hiszen úgyis mindez sokba kerül, és ebből következően a legjobb taktika az, hogy a kutyákat nagyon alacsony áron, vagy ingyenesen meghirdetik az interneten? Főleg úgy, hogy az utóbbira még a kereslet is nagyobb.

Az újszülött kölykök egészsége pénzbe kerül! És nem csak az éppen aktuális egészségügyi állapotról beszélünk, hanem arról, hogy képes lesz-e a szervezete és az immunrendszere megfelelő módon kifejlődni az ember által biztosított környezetben.

Ebben a helyzetben hogyan is dönthető el az, hogy a tenyésztő fő célja a profit megszerzése volt? És mi alapján bélyegezhet meg valaki bárkit állatvédelmi problémákat generáló szaporítóként csupán azért, mert pénzt kér cserébe a kölykökért, amiből fedezi a felmerülő költségeket, amelyekre az állatok jóléte miatt volt szükség?

Az állattartás és tenyésztés körülményeit vizsgálva számos variációval találkozhatunk, és nagyon sok apró dolog is képbe jöhet még, amelyek két hasonló szituáció között is hatalmas különbségeket tehetnek. Ahhoz, hogy eldönthessük valakiről, hogy szaporító-e vagy sem, gondosan és alaposan meg kell vizsgálnunk minden egyes esetet. Nagyon nehéz a „szaporító", mint szó mögé egy komplex fogalmi rendszert meghatározni, és minden olyan momentumot végigvenni, amely választ ad arra, hogy ki és mikor tekinthető szaporítónak.

Ami valójában számít

Két fontos tennivaló van a szaporítók elleni harcban. Egyrészt felhívni a témához nem értők figyelmét és megfelelő információt nyújtani számukra a szaporítás gyakorlati következményeiről és kihatásairól, másrészt pedig hatásos és pontos szabályzatrendszert kell alkotni, amely támogatja és elősegíti a felszámolásukat célzó küzdelmet.

A szaporítótelepekről származó kölykök az esetek többségében komoly egészségügyi, viselkedési és szocializációs problémákkal rendelkeznek, köszönhetően a velük való gondoskodást mellőző „előállításnak". Ezek a kutyák sok esetben az új gazdához kerülve napokon belül súlyosan megbetegednek akár fertőzés következtében, akár a megfelelő oltás hiánya miatt, de később is napvilágra kerülhet több, korábban rejtett és súlyos egészségügyi rendellenesség. Mindeközben a szocializáció hiánya miatt nagy a kockázata a viselkedési problémák kialakulásának, amely komoly konfliktusokat okozhat az emberi közeggel.

A korábban feltártakat mind egybevetve egyértelműen látható, hogy alapvetően számos tényezőt kell figyelembe venni ahhoz, hogy dönthessünk arról, hogy egy adott alom mennyire felelősségteljesen kerül felnevelésre. Vannak helyzetek, amikor a bemutatott és mérlegelendő elemek közül akár egy is teljesül és egyértelművé válik az, hogy az állatok jólétét teljesen semmibe vették. Az esetek többségében viszont eltérő jellegű szituációkról beszélünk, ahol van egy kicsi ebből is, meg abból is.

A szaporítók tevékenykedése minden kétséget kizáróan káros a társadalomra és az egyik legkomolyabb állatvédelmi probléma.

Kutyákat tenyészteni, még ha másként is tűnik a laikus szemlélő számára, nem kis dolog. Minden fizikai, biológiai és mentális igényüket ki kell elégíteni. Elegendő mozgástérre van szükségük, megfelelő táplálkozásra, szocializációra és hatékony orvosi ellátásra. Öszszetett, több tényezős dolog mindent egyben tartani és egy egészséges, minden tekintetben megfelelő környezetet kialakítani a kutyáknak a vemhesség, a szülés és a kölykök felcseperedése idején egyaránt.

Látható, hogy az egyensúly a kutyák kárára abban a pillanatban bomlik meg, amikor jólétük kispadra kerül. Ez egyrészt megtörténhet azért, mert a tenyésztő személy nem rendelkezik az ehhez szükséges és megfelelő tudással és ismerettel, vagy pedig azért, mert kizárólag a megszerezhető profitra koncentrál.

Ha a pénzügyi haszon a legelőrevalóbb szándék, ez ahhoz vezet, hogy visszavágások lesznek az olyan tényezőkben, mint a megfelelő táplálás és az állatorvosi ellátás. A pénz kérdésének lényege a tenyésztés tekintetében nem az, hogy a tenyésztő kér-e pénzt, hanem az, hogy ezt a pénzt mire használja, vagy használta fel. Kizárólag a családi kasszát pótolta ki vele? Vagy ebből fedezett minden olyan felmerülő költséget, amivel biztosította a szuka és kölykeinek jólétét, és ami esetleg fennmaradt, az ment a saját igényeinek teljesítésére? Az igazság és a nehezen, de markánsan meghúzható határvonal tenyésztő és szaporító között az erre adott válaszban keresendő.

Amennyiben a fő célkitűzés egy kisebb, vagy nagyobb extra jövedelem termelése, ez a mentalitás a kutyát magát egy termékké teszi, mellőzve a legalapvetőbb tényt: nem termékről, hanem egy szükségletekkel rendelkező élőlényről van szó.

Nem lehet megállítani, vagy teljesen kiküszöbölni a genetikailag öröklődő betegségeket, de lehet teszteket végeztetni és csökkenteni a kockázatot. Nem lehet azt garantálni, hogy az újszülött kölykök mindegyikének a szervezete erős és biológiailag jól kifejlett lesz és azt sem, hogy nem fog elkapni egyetlen egy fertőző betegséget sem. De ha teljesen figyelmen kívül hagyjuk a higiéniát és egy csomó, ezt a területet érintő elővigyázatosságot és gondoskodást, akkor drasztikusan növeljük a megbetegedések előfordulásának a kockázatát. Ha nem gondoskodunk a kiskutya normális elszállításáról az új tulajdonoshoz, hanem betesszük egy teherautóba, kamionban, vagy egy csomagtartóba tucatnyi több kutyával együtt, egyértelműen szenvedni fog, vagy akár meg is halhat egy hosszú út alatt. Egy kiskutya lehet rosszcsont és lehetnek viselkedésproblémái is, de ha életének korai szakaszában nem kap megfelelő odafigyelést és foglalkozást, egészen biztosan szocializációs problémái lesznek.

A szaporított kutyákkal sosem bántak úgy, mint ha kutyák lennének, akiknek biológiai és mentális szükségleteik vannak, ennek okán pedig számos egészségügyi problémát hordoznak magukban.

Szimplán termékek, amelyeket a piac részére állítottak elő.

A szükséges lépések

Sajnálatos módon az otthoni tenyésztgetésnek ugyanezek a jellemzői és ugyanilyen károkat okoznak vele. Amikor a fedezés véletlenül megtörténik akár felelőtlenségből, vagy azért, mert az olyan csudás dolog cuki kiskutyákból álló almot tartani, ezért nosza legyen nekünk is egy, a rutin és a megfelelő hozzáértés hiánya miatt nagy a valószínűsége, hogy ugyanazok a problémák fognak felmerülni, mint egy szaporító tevékenysége esetén.

Mindezek olyan dolgok, amikről mindenkinek tudnia kéne, de leginkább azoknak, aki kiskutya vásárlását tervezik. Nem csak a kiválasztásra kerülő fajta az, ami számít, vagy az új otthon, ahová a kiskutya érkezik, hanem az is jelentős kérdés, hogy honnan származik. Fontos hangsúlyozni, hogy a forrás számít: hol és milyen körülmények között nevelkedett fel egy kutya. A szaporítók ritkán akarják bemutatni az érdeklődő, potenciális vevőknek a környezetet, ahol ezek a kiskutyák születtek és nevelkedtek. Ez egy fontos és jelentős tulajdonság.

Ezekhez a kutyákhoz könnyen hozzá lehet jutni anélkül, hogy magát a tenyésztőt visszakövethetnénk. A vételár általában alacsony, de nem minden esetben. Az ilyen kutyákat meg lehet vásárolni az interneten, vagy ahogy még mindig van rá példa: vásárokban. A kutya mellé adott törzskönyv sem lehet teljes garancia – bármilyen dokumentum könnyen hamisítható.

Mégis, hogyan lehet biztonságos úton fajtatiszta kutyához jutni? Fel kell hívni a tenyésztőt és ragaszkodni ahhoz, hogy szemügyre vehessük a cseperedő kölykök környezetét, ahol meggyőződhetünk a tartási körülményekről.

Vitathatatlan, hogy a hatóságoknak is harcolniuk kéne az ilyenfajta kutya-előállítás ellen. A jogi harchoz viszont megfelelő előírások szükségesek. Ahogy már eddig bemutattam, a fogalmak precíz meghatározása elengedhetetlen. A „szaporító" fogalma ezzel szemben mind a mai napig tisztázatlan, végig nem gondolt, ettől függetlenül rendszeresen használjuk. Fontos különbséget tenni az otthoni tenyésztés, a szaporítás és a felelősségteljes tenyésztés között. Ez viszont egyáltalán nem olyan egyszerű, és a felületes szabályozás számos káros következménnyel jár.

Amikor valaki kutyát tenyészt és ezt a legnagyobb körültekintéssel akarja végezni, akkor a felelősségteljes tenyésztést biztatni és promotálni kell esetleges büntetés helyett. A rosszul megfogalmazott vagy végrehajtott előírások nagyon könnyen büntethetik azokat is, akik egyébként egyáltalán nem is lennének megcélzott személyek.

A kutyák jobb jövőjéért és egészségesebb életéért folytatott küzdelemben és mindazon túlszaporodási probléma visszaszorításában, amit a szaporítás okoz, fontos pontosan elkülöníteni azok tevékenységét, akik ezeket a problémákat okozzák. Ezt követően lehet hatásosan szabályokat létrehozni, végrehajtani és végrehajtatni, büntetést kiszabni, bírósági ítéleteket meghozni. Ezzel szemben, ha nem megfelelően állítjuk fel ezt az elválasztást lehetővé tévő kritériumokat, azokat is büntetni fogjuk, akik felelősségteljesen végzik tevékenységüket. Ekkor pedig bárki jogosan megkérdezheti: mi értelme a tenyésztésre időt, pénzt és energiát pazarolnia egy felelősségteljes szemléletet követve, ha a vége mégis az, hogy zaklatják, megbüntetik és végül akár a padlót is feltörlik vele?

Ha olyat büntetünk, akinek tevékenysége követendő és támogatandó példa lenne, akkor az erkölcsi hozzáállás és az elhivatottság lerombolása mellett a szaporítók csak erősebbekké válnak. A szaporítókat és a szaporítást a társadalomnak morálisan és egyöntetűen kéne elítélne, a jognak pedig büntetnie.

Számos esetben semmi különbség nincs téve állatvédelmi kampányokban a szaporító és egy felelős tenyésztő között. Nagyon fontos aláásni a szaporítók tevékenységét oktatás és a helyzetüket nehezítő szabályzatok útján.

Valójában az ellenük bevethető leghatásosabb eszköz rendkívül egyszerű. Mivel a szaporítók szigorúan üzleti alapon tevékenykednek, ebből következik, hogyha ha nincs kereslet, akkor nincs kínálat sem. Ezért elengedhetetlen az, hogy azok az emberek, akik kiskutyát akarnak vásárolni, gondot fordítsanak arra, hogy magát a forrást feltérképezzék, és képesek legyenek az akármennyire kedvező ajánlat mögött meglátni a valóságot és elutasítani azt.

Egyértelmű, hogy a szaporítók tevékenységét mélységében feltárni egyáltalán nem egyszerű feladat, mivel az esetek többségében nehezen felderíthetőek. A végeredmény viszont egyértelműen látható. A tenyésztői társadalom és az állatvédő társadalom között zajló, sok esetben rendkívül megfeszült vitában fontos lenne végre belátni azt, hogy az érintett feleknek nem egymással kéne folyamatosan csatázniuk. Létezik egy közös ellenségük, amely mindkét fél részére hatalmas károkat okoz: a felelőtlen tenyésztés, vagy köznapi nevén hívva, szaporítás.

Negyedik fejezet

Írott szabályok

A jogra nem jellemző, hogy sokak kedvence lenne. Nehéz követni az összetett struktúráját és logikáját, megérteni a nyelvezetét. Viszont mindannyiunk életében jelen van. Sok esetben indokkal nevezhetjük olyan szükséges rossznak, amely elengedhetetlen a mindennapi életben, akármennyire is elveszünk a jogi útvesztőkben. Amikor a jog az állatvédelem látószögébe kerül, akkor általában a szigorúbb jogi szabályozásra való igény az, amely felmerül. A törvény hatalom. De valójában megoldás is egyúttal?

A jogról velősen

Nagyon tömören megfogalmazva a jog alapvető célja az, hogy meghatározza, illetve előírja az adott személylyel, vagy a társadalom bizonyos csoportjával szemben elvárt viselkedést adott szituáció vonatkozásában, azzal együtt, hogy meghatározza a betartás vagy a be nem tartás következményeit is, ami egyaránt lehet büntetés vagy jutalmazás. Ha a teljes jogi rendszer jól fejlett és jól kidolgozott, akkor visszaadja nem csak a törvényalkotó, de a társadalom által is elfogadott folyamatokat, normákat és viselkedésformákat.

A jogrendszernek nem csak a jogalkotás, azaz a jogszabályok meghozatalának szakaszát kell magában foglalnia, hanem megfelelő apparátust is létre kell hoznia, hogy közvetve vagy közvetlenül biztosítsa a törvények végrehajtását, vagy végrehajtattatását. Továbbá mindezektől elkülönülten ott van még a bírói ítélkezés is annak meghatározására, hogy egy bizonyos cselekmény a törvény ellen történt-e és ha igen, ennek milyen jog által előírt következményei lesznek.

Minden jogszabálynak kell hogy legyen meghatározott és pontos célja, és csak abban az esetben érheti el ezt a célt hatásos módon, hogyha a jogszabály gyakorlati szinten is alkalmazható az adott társadalmi közegben. Figyelembe kell vennie és lemodelleznie minden eshetőséget ami nagy valószínűséggel az adott jogszabály hatókörében megtörténhet. Egyébként nincs semmi értelme és nem nyújt előnyt a társadalom számára ha joghézagok vagy logikátlan, a valós életnek teljesen ellentmondó szituációk kerülnek szabályozásra.

Még egyszerűbben fogalmazva: a jogszabályoknak követniük kell a valós élet folyamatait és arra adaptálhatóaknak kell lenniük.

Az olyan jogszabály, amely nem tartalmazza a büntetés kiszabását abban az esetben, ha valaki joggal ellentétesen cselekszik, úgyszintén nem hoz sok hasznot. Ha valamit a jog kötelezően előír, viszont nincs jog által meghatározott következménye törvényszegés esetén, akkor nincs semmi visszatartó ereje az egész szabályozásnak.

Minden ország eltérő logikájú és tartalmú állatvédelmi törvényekkel rendelkezik. Törvénybe iktatják, hogy milyen körülmények között kell az állatokat tartani, hogyan kell őket szállítani, hogyan léphetik át az országhatárokat, és még azt is, hogy milyen óvintézkedéseket kell tenni az állatok okozta fertőzések megelőzése érdekében. A jog által lefedett másik terület pedig az állatbántalmazások következménye, megfogalmazva, hogy mikor beszélünk egyáltalán erről és milyen büntetés kiszabására van mód egy ilyen esetben, hogyha a gyanú beigazolódik.

A kutya "jogilag"

A jog pontosan meghatározott és körülírt fogalmakra épül fel és jogilag leírni azt, hogy mi is az, hogy "kutya", nem is olyan egyszerű, mint elsőre gondolnánk.
A kutyáknak speciális helye van az emberi társadalomban és ennek a közeli kapcsolatnak a jellemzői, vagyis hogy az emberiség mit gondol a kutya helyéről a társadalomban, folyamatosan újraértelmezésre kerül. Ha visszatekintünk az elmúlt évtizedekre, számos egymás-

tól eltérő társadalmi alapelképzelés volt arról, hogy hogyan tartsunk és bánjunk egy kutyával. Ezen korábbi, akkoriban teljesen elfogadott gondolkodásmódok nagy része ma már nem állja meg a helyét és teljességgel elfogadhatatlannak tűnik. Ebben a témában a társadalom által megalkotott és elfogadott vélemény folyamatosan változott és ez továbbra is így lesz. Ha a jog szempontjából nézzük, akkor a szabályoknak ehhez igazodniuk kellene.

Amit jelen pillanatban gondolunk arról, hogy milyen dolgok összességétől és teljesülésétől mondhatjuk azt egy kutyára, hogy egészséges, nagy valószínűséggel pár év múlva már nem lesz igaz. A dolgok már csak így működnek, ez a gondolkodás és különféle felfogások evolúciójának velejárója.

Még mindig vannak olyan helyzetek amelyekre nem, vagy nem annyira széles körben tekintünk úgy, mint állatjóléti kérdésekre és ezek ritkán kerülnek a figyelem vagy a nem tetszés középpontjába. Jelenleg például még mindig nem okoz túl nagy visszatetszést az, ha egy kutyát a gazdája hagy elhízni, függetlenül attól, hogy ezzel számos egészségügyi problémának teszi ki.

Amikor a kutyák jogairól beszélünk, amelyeket az állatvédelem nevében meg szeretnénk védeni, legelőször precízen meg kéne fogalmaznunk, hogy valójában a kutyák milyen jogokkal rendelkeznek. Ellenkező esetben nem lehet megfelelően fellépni azokkal szemben, akik a kutyákat ezektől az előre definiált jogoktól megfosztják. Sok esetben még az emberek jogait sem egyszerű jogilag körülírni, mivel ez nagy mértékben eltér például különböző kultúrák, neveltetések és vallások esetében. Ugyanez igaz, ha az állatoknak tulajdonított jogokról beszélünk. Az állatok jogainak kérdésköre mind a mai napig folyamatban lévő vita, amely nem mostanában fog lezárulni, sőt, újabb és újabb kérdéseket fog felvetni.

Amikor valakinek jogai vannak, azokkal normális esetben kötelezettség és felelősség is együtt jár. Ebben a kérdéskörben nagyon fontos aspektus, hogy különválasszuk a kutya jogi felelősségét a kutya tulajdonosáétól. Gondoljunk csak bele a kutyatámadások miatt ismétlődően felszínre kerülő ellentétes véleményekre. Ezek a helyzetek – beleértve minden releváns körülményt – folyamatosan nagy visszhangot és vitát generálnak arról, hogy az előidézett esemény a kutya vagy a gazdája hibája. Egyértelműen felmerül a kérdés, hogy ki az, aki a következményekért felelni fog. Az erre adott jogi választ pedig nem a társadalmi többség egyöntetű véleménye fogja megadni, hanem az a jogszabályi környezet, amit ilyen esetekre létrehoztak.

Az állatvédelem számos mindennapi fogalmat használ, amelyet mindannyian használunk, de nem is biztos, hogy pontosan és részletekbe menően tudjuk, mit is jelentenek. Ezzel leginkább akkor szembesülünk, amikor ezeket a hétköznapi használatban jelenlévő fogalmakat a jog nyelvére akarjuk lefordítani.

A probléma szemléltetése céljából vessünk egy pillantást az egyik legalapvetőbb és legtöbbet használt fogalomra. Mit jelent az pontosan, hogyha egy kutya "egészséges"? Illetve mikor nem az? Továbbmenve és a jog területén gondolkodva, milyen esetekben lehet ehhez az állapothoz jogi következményt rendelni?

Az egészségnek számos aspektusa van, kezdve az öröklетes betegségektől egészen a fertőzésekig, ehhez hozzájön még a rossz egészségügyi állapot, amely a tartási körülményekre vezethető vissza. Ki fogja megállapítani a rossz egészségügyi állapot mögötti valós okot és hogyan? Lényeges különbség van például aközött amikor a kutya súlyos fertőzést kap és a tulajdonos egy kisebb vagyont fizet az állatorvosnak és aközött, amikor valaki egy apró lakásban, vagy nem megfelelő higiéniás környezetben tart kutyát, amely végül betegséghez vezet. Akárhogyan is, de a végkifejlet a felszínen mindkét esetben ugyanaz, mivel a kutya nem felel meg annak a kritériumnak, hogy egészségügyi állapota rendben lenne. Mégis, hogyha a mögöttes állapotokat figyelembe vesszük, a felelősség szempontjából két teljesen különböző helyzetről beszélünk.

Fontos figyelembe venni azt, hogy nem csak egy adott helyzet éppen látható és megtapasztalható végeredménye számít, hanem az is, hogy mi váltotta azt ki és mi volt az odáig vezető út. A jogi definícióknak képeseknek kell lenniük az ilyen jellegű árnyalatok meghozatalára és kezelésére. Főleg abban az esetben, hogyha szankcionálni is akarunk.

A jog nem varázspálca

Mind a jogot megalkotókat, mind a jog betartatását ellenőrző személyeket és hivatalokat felsőbbrendű hatalomnak tekintjük, akik arra hivatottak, hogy ezzel a hatalommal felruházva majd megoldják mindazokat a problémákat, amik körbevesznek minket, kiváltképp azokat, amelyek a társadalom nagy részét, vagy akár egészét érintik.

Ezzel szemben minden törvényre igaz az, és ez alól nem kivétel az állatvédelemmel foglalkozó sem, hogy nem olyanok, mint a varázspálca, amely egy suhintásra megváltoztat mindent, mihelyt hatályba lép. Képzeljünk csak el egy olyan világot, ahol mindenki minden írott szabályt betart és senki nem követ el semmiféle bűncselekményt. Ez több, mint utópikus vízió. Ezt az állatvédelmet érintő jogszabályok és problémák esetében sem szabad elfelejtenünk.

Még akkor is, hogyha egy jogszabály jól van megírva, nem garantálja azt, hogy pozitív irányú változást hoz.

A törvény mindig egy keretrendszer a törvényalkotó elvárásáról, meghatározva a társadalom erkölcsi morálját és viselkedését. Akik nem jártasak a jogi kérdésekben, a jog világát rendkívül bonyolult és alig értelmezhető dologként fogják fel. Ennek oka abban keresendő, hogy a jogi világ pontosan ilyen: masszívan összetett és nem könnyű megérteni mindazt a speciális nyelven íródott szabályrendszert, amelyet a jog felvázol és követ.

A törvényeknek egy bizonyos aspektusból a gyakorlatban két célkitűzésük van. Egyrészt meghatározzák a kívánatos viselkedést és ezáltal megpróbálják megakadályozni a nem kívánatos cselekvéseket, másrészt pedig ha ezek mégis bekövetkeznek, válaszként kilátásba helyezik az ezért járó megfelelő büntetést.

A jog gyakorlati működése szempontjából viszont egy dolgot mindig szem előtt kell tartani: nem vehetjük magától értetődőnek és automatikusnak, hogy az emberi viselkedést a jogi kényszer döntően meghatározná vagy megváltoztatná.

Amikor valaki egy adott dolgot elkövet – főképp, ha ehhez felfokozott érzelmi állapot társul – nem minden esetben gondolja végig annak jogi következményét. Ha még meg is teszi, számos esetben feltételezi, hogy úgy sem érik tetten. Ebben egészen addig bizakodhat, amíg nem kerül a hatóságok látókörébe és meg nem indul vele szemben az adott eljárás, amelynek az ügy menete szempontjából büntetés lehet a vége. A büntetésnek nem kell egyöntetűen egy börtönbüntetésnek lennie, beszélhetünk egy szimpla bírságról is.

Természetesen az is megtörténhet, hogy az adott jogellenes cselekedet örökre felderítetlen és következmények nélküli marad. Nagyon sok esetben lehetetlen felderíteni minden bűncselekményt vagy törvényi kihágást.

Általában a nem kívánt cselekmény akkor kerül csak felfedezésre, amikor már a baj megtörtént. Gondoljunk csak az állatbántalmazásokra. A bántalmazott állatok sorsán ilyenkor a jog már nem igazán tud segíteni vagy a bántalmazást meg nem történtté tenni.

A végrehajtók

A jogszabályok csak abban az esetben lehetnek produktív elemei az állatvédelemnek, hogyha nem csak az utólagos büntetéskiszabásban, hanem a feltárásban és a megelőzésben is részt vesznek.

Állatok testi és mentális egészségét veszélyeztető helyzetek nagyon könnyen eszkalálódhatnak és gyorsan teremthetnek rendkívül csúnya és visszafordíthatatlan helyzeteket. Ezért fontos a korai felderítés. Minél tovább tart az ilyen esetek felderítése, annál nagyobb lesz a kár, amelyet a későbbiekben orvosolni kell. Amint mód van rá, elengedhetetlen véget vetni bármilyen olyan helyzetnek, amely az állatok jólétét veszélyezteti, egyrészt hogy ez tovább ne fokozódhasson, másrészt pedig, hogy megkezdődhessen a mielőbbi rehabilitáció.

A hatósági szervek azok, akiket a jog felruház arra, hogy a jogszabályban meghatározottakat a gyakorlatban érvényesítsék, biztosítsák a leírtak betartását, illetve megfelelő betartattatását. A hatóság lehet egy kormányzati szerv, a rendőrség vagy akár egy civil szervezet, amelyet a jogszabály az adott tevékenység elvégzésére kijelöl és meghatározott hatalommal ruház fel.

A hatóságok a feladataikat kizárólag abban a közegben és csak olyan módon végezhetik, ahogy azt a jogszabály meghatározza és hatáskörüket nem léphetik át. Sokszor felmerül a vád, hogy adott hatóság miért nem tett vagy tesz semmit egy adott helyzet elkerülésére, kezelésére, vagy egyszerűen miért nem vet véget egy adott dolognak. Az esetek egy részében a válasz nagyon egyszerű: nem volt jogilag hatalmuk arra, hogy megtegyék azt, amit a társadalom nagy része elvár. Saját korlátaikon belül tevékenykedhetnek, ha ezeken átlépnek, saját maguk is megsértik a törvényt.

A hatósági végre nem hajtásnak viszont van egy másik oka is. A törvény betartásának és betartattatásának hatékonysága érdekében fontos, hogy azok, akik a munkájuk során a jogszabályokat használják, ne csak a jogi szöveggel legyenek tisztában. A törvény betűin kívül fontos tudniuk azt is, hogy hogyan működik a gyakorlatban az a közeg, amelyben tevékenykednek és így a törvény tényleges, gyakorlatban történő alkalmazásával is tisztában kell legyenek. A kutyákkal és az állatvédelemmel kapcsolatos alapvető tudás hiánya szinte lehetetlenné teszi a törvény eredményes használatát a gyakorlatban.

Ha a törvényeket hatásos eszközként kívánjuk bevetni az állatvédelem területén, nem elég csak a jogszabályt követni betűről betűre. A jogszabályok alkalmazását ki kell vetíteni a valós világra, felhasználva a szakmai tudásanyagot és a korábbi tapasztalatokat. Mindezek nélkül lehetetlen egy jogszabályra felépíteni bármilyen hivatali ügymenetet vagy folyamatot, amely a való életben is működőképes, sőt, eredményt ér el.

Ítélet a bűnös felett

Amikor egy állatvédelemmel kapcsolatos ügy a bíróságra kerül, az általában azt jelenti, hogy valami szörnyű dolog történt.

Az ilyen jellegű bírósági ügyek általában nagy nyilvánosságot kapnak, köszönhetően annak, hogy a média nagyon könnyen felkap olyan témát, amely felháborító és társadalmi megbotránkozást kelt. Ennek dacára a bírói ítéletek sok esetben sokkal enyhébbnek tűnnek, mint amit az igazságszolgáltatásért kiáltó nyilvánosság igazságosnak ítél. Valljuk be őszintén: egy állatszerető ember számára nincs olyan kiszabott bírói ítélet állatkínzás esetén, amely ne lenne túlságosan enyhe.

Az ártatlanság vélelme minden jogrendszer fontos eleme. Mindannyian hallottunk már történeteket, ahol egy fellebbezés esetében a bizonyítékok újraértelmezése, vagy új bizonyítékok felmerülése bebizonyította, hogy a vádlott valójában ártatlan volt. Néha az igazság sokkal később derül ki. Sajnálatos módon vannak olyanok is, akik feljogosítva érzik magukat arra, hogy igazságot szolgáltassanak feltételezett vagy valós sérelmeikért, és elégtételt vegyenek mindannyiunk nevében azzal, hogy valótlan tényeket állítanak másokról. Nem egy esetben derült már ki, hogy a bosszúvágy hatalmas hajtóerő.

Emiatt fontos minden bizonyíték alapos begyűjtése. Az ügyre bármilyen kihatással bíró bizonyíték elengedhetetlen a feltételezett tett teljes folyamatának és körülményeinek rekonstruálásához. Egy rendkívül komplikált folyamatról van szó, főleg olyan helyzetben, amikor nem minden körülmény és tény egyértelmű, vagy már nagyon sok idő eltelt és nehéz a korábbi tények rekonstruálása.

Senki sem mondható ki bűnösnek feltételezésekre és találgatásra alapozva. Amikor arról beszélünk, hogy a bíróságon biztosítsuk a hatékony állatvédelmet, szükséges a megfelelő bizonyítékok megléte, amelyek alátámasztják azt, hogy pontosan, minden kétséget kizárva mi is történt valójában.

Nagyon fontos annak megértése, hogy a jogszabályi környezet hiába támogatja az állatvédelmet és nyújt segítséget az állatkínzások ellen, hogyha a jogot használó szervezeteknek nincs meg a megfelelő szaktudásuk és gyakorlatuk, nem fogják tudni például azt, hogy milyen bizonyítékokat gyűjtsenek be egy bírósági ügy felépítéséhez. Csak mint egyszerű példaként, hogyha állatbántalmazás történik a helyszínelést végző személyeknek, akiknek a bizonyítékok begyűjtése a feladatuk, pontosan tudniuk kell, hogy a szituáció jellegéből adódóan milyen tényezőknek kell szerepelniük a hivatalos jelentésben és milyen bizonyítékokat kell ennek alátámasztására begyűjteni. A megfelelő bizonyítékok hiánya befolyásolja a jogi procedúra teljes menetét, ami ezáltal akár meg is rekedhet, vagy meg is szűnhet. Következésképp, a meghozható ítélet is ettől függ.

A nyomozók, vagy bárki résztvevő hatóság, ha nem gyűjt megfelelő mennyiségű és megrendíthetetlen bizonyítékot, vagy ha nincsenek tisztában azzal, hogy miért, hogyan és milyen típusú információ válik később szükségessé a bíróságon, a komplett jogi folyamat összedőlhet. Ugyanez vonatkozik az ügyészség munkájára is, akik a vádat képviselik.

Amikor kialakul a végső ítélet, a bíró gyakorlati tudása is rendkívül fontos. A bírók ismerik a jog világát, de feltételezni kell, hogy nem minden esetben vannak tisztában az állatvédelem alapvető összefüggéseivel. Ha ez mégis így van, az csak jót tesz az ügynek. A bírók a jog szerinti ítélkezésben és nem az állatvédelemben jártasak. Nem várhatja el tőlük senki, hogy minden apró összefüggést átlássanak, amelyek abszolút természetesek azok számára, akik napi szinten állatvédelemmel és állatokkal foglalkoznak.

A bírói döntéshozatalnak van még egy nagyon fontos tulajdonsága. A bírók mozgásterét a törvény behatárolja. Szigorúan követniük kell a törvény írását, ettől eltérni nem tudnak. Elképzelhetetlen az, hogy az alkalmazott törvény adta keretektől eltérve, vagy esetleg azzal szembe menve hozzanak döntést. Hogyha a döntéshez alkalmazott jogszabály nem egyezik a társadalom elvárásával és nem ad módot szigorúbb büntetés kiszabására, akkor az a törvényhozók hibája.

Ráhatás az elmére

A törvényi előírások a társadalmi normákat követik, vagy ezeket kéne követniük. Megmutatják, mi a helyes, mi a helytelen, milyen viselkedés az, ami elfogadható és milyen az, ami teljességgel elfogadhatatlan.

Az emberek többségének szüksége van arra, hogy a társadalom elfogadott részének érezze magát, nem pedig egy kívül rekedt, magányos egyednek. Ennek eléréséhez az emberek hajlamosak megváltoztatni saját viselkedésüket és véleményüket. Ez viszont nem történik meg azonnal és olyan könnyen.

Abban a szerencsés esetben, amikor a jogszabályok célkitűzései megegyeznek az adott ország általánosan elfogadott etikai normáival, a tennivalóink még akkor sincsenek teljesen letudva. A jogszabályokat olvasó emberek többsége vagy jogász, vagy más miatt van szüksége erre a saját hivatásában. A hétköznapi emberek nem olvasnak jogszabályokat.

Fontos feladat tehát az, hogy oktassuk az embereket a jogi elvárásokról, amelyeket velük szemben állítottak fel. Legfőképp azért, mert úgy korrekt, ha tájékoztatunk valakit mielőtt felelősségre vonjuk és megbüntetjük azért, mert nem követte azokat a szabályokat, amelyekről nem tudott.

Továbbá, a jog oktatása hasznos eleme lehet bármely megelőző kampánynak, amikor egyértelművé tesszük, hogy adott cselekményt, vagy éppen annak hiányát nemhogy elítéli a társadalom és kirekeszti az elkövető személyt, de a jogrendszer is további következményeket helyez kilátásba.

Ilyen módon a szakmai tudás és a jogrendszer egymással karöltve ki tudja hangsúlyozni az elfogadott viselkedést és etikus magatartást a társadalom egyéne számára. Illúziói senkinek ne legyenek. Egy ilyen jellegű stratégia nem fog egy szempillantás alatt érzékelhető eredményt hozni. Minden prevenció, amelynek alapja az emberi személyiség megváltoztatására irányul, hosszú időt vesz igénybe. Mindazonáltal, fontos feladat kommunikálni a köznép felé a tőlük elvárt viselkedésmódot, azt, hogy hogyan és mitől érezhetik magukat értékesnek és a társadalom által elfogadottnak.

Bonyolultnak tűnik, mivel az élet sem egyszerű

A jog megalkotása, használata, a betartására történő rábírás együttesen fontos az eredmény eléréséhez és nagy kihívást jelentő feladat. Általános szabályokat kell megalkotni, amelyek a gyakorlati életben is alkalmazhatóak.

Ezzel szemben szinte lehetetlen olyan általános szabályt írni, amely minden élethelyzetben következetesen adaptálható és felhasználható. Akár egymástól teljesen eltérő, viszont közös alapjellemzőjű helyzetekben is ugyanaz a jogszabály érvényes és alkalmazandó.

Az állatvédelem önmagában összetett és bonyolult témakör, főleg, ha mélységében akarjuk feltárni és megérteni minden folyamatát és jellemzőjét. Ebből adódóan az állatvédelem átültetése a jogi környezetbe sem egyszerű feladat.

Ha a jog bonyolult dolognak tűnik bárki számára, az azért van, mert a jog valóban bonyolult dolog. Ezen túlmenően az életünkre kifejtett hatása is bonyolult.

Egyáltalán nem könnyű a társadalomra történő valós kihatását előre megjósolni, és így azt sem, hogy vajon a jogszabályok a kívánt eredményeket hozzák-e majd a jövőben. Gyakran vonakodunk és kényszeredetten érezzük magunkat, amint jogi ügyekkel és azok kihatásával kell bajlódnunk. Attól viszont soha nem tekinthetünk el, hogy jogszabályokat hozzunk létre és alkalmazzunk, remélhetőleg a társadalmi problémák javára.

A megfelelő jogszabályok hatékony véghezvitele elengedhetetlen ahhoz, hogy az állatvédelmi kérdések helyükre kerüljenek, még akkor is, hogyha ezek megértése és használata túlságosan összetett és bonyolult dolog. Viszont a jog kihagyása az állatvédelmi kérdések rendezéséből önmagában felér egy öngyilkossággal.

Az állatvédelem szempontjából szükséges a törvényhozó és végrehajtó szervekkel való kommunikálás, a feléjük történő információnyújtás a jogszabályok hatékonyságának, vagy éppen működésképtelenségének feltárása a gyakorlati visszajelzések alapján. Továbbá a gyakorlati eredményességhez kihagyhatatlan lenne azoknak a jogot használó személyeknek a képzése, akik állatvédelemhez kapcsolódó területen végzik munkájukat. Mindez elengedhetetlen kritériuma annak, hogy a jog értelmezhetetlennek tűnő útvesztője szövetségese legyen mindenkinek, aki kapcsolatban van az állatok jólétével és védelmével.

Ötödik fejezet

Stratégia az állatvédelemért

Az állatvédelem a modern társadalom szerves része. A fő irányvonal, amellyel foglalkozik, általában a kóbor kutyák helyzetének kezelése és az állatbántalmazások visszaszorítása, illetve a már megtörtént esetek orvoslása. Mindkét témakör hosszú évek óta jelen van, általános vitákat és feloldhatatlan konfliktusokat generálva. Minden eddig elért eredmény ellenére mégis sokszor érezhetjük azt, hogy egy véget nem érő, hathatós győzelmet nem hozó csata részesei vagyunk. Az egyik legnehezebb dolog választ adni arra a kérdésre, hogy ez vajon miért van így.

A stratégia jelentősége

Ha szeretnénk valami újat létrehozni, vagy meglévő dolgokban változást elérni, ennek megvalósításához stratégia kell. Teljesen mindegy, hogy az élet mely részéről beszélünk. Egy stratégiai terv szükségeltetik tiszta és egyértelmű célokkal, alapos kutatással és utánajárással, akciótervvel, figyelemmel kísért végrehajtással és az eredmények, visszajelzések elemzésével, hogy megtudjuk, az elméleti tervek, amelyek a fejünkben megszülettek, nem csak papíron, de a valóságban is működnek.

A stratégia minden fázisának és eszközének fontos szerepe van az elérendő cél valós végkifejletében. Beszélhetünk egy új cég beindításáról, egy új termék bevezetéséről egy cég életében, vagy akár valamilyen szociális ügy kezeléséről, beleértve ebbe az állatvédelemmel kapcsolatos problémák megoldását is.

Minden hatékony stratégia kiinduló pontja, hogy meghatározzuk az elérni kívánt végeredményt. El kell dönteni, hogy pontosan mi is az, amit el kívánunk érni a stratégia végrehajtásával, illetve hogy mikor fogjuk tudni, hogy a kitűzött cél tényleg megvalósult. A közhelyes „teremtsük meg a világbékét" és „mentsük meg a delfineket" típusú frázisok pontos körülírás és egyértelmű meghatározás nélkül csak üres és hangzatos szavak.

Miután meghatároztuk elérendő célunkat, aprólékosan és mélységében meg kell vizsgálnunk a közeget, amelyben a változtatást véghez akarjuk vinni. Ki kell elemeznünk az éppen aktuális helyzetet, figyelembe véve és pontosan megértve minden, a célunk elérését befolyásoló tényezőt és folyamatot. Ha nem értjük, nem ismerjük azt, amit meg szeretnénk változtatni, csak vaktában fogunk lövöldözni.

Miután minden elméleti elemzéssel és tervezéssel végeztünk, cselekedni kell! A kivitelezés alatt és után meg kell vizsgálni, hogy a tervezés során felvázolt logikák és kitalált ötletek vajon az elméletnek megfelelően a valóságban is működnek-e. A visszacsatolás és az eredmények elemzése alapvető fontosságú.

Ezen lépések mindegyike fontos, és ha kihagyjuk bármelyiket is, vagy nem fordítunk rá megfelelő odafigyelést és szakértelmet, teljesen más végeredményt kapunk, mint amit valójában elérhetnénk.

Ezen módszer érvényes minden olyan dolog esetében, amely változtatásra érett.

És hogy miért számít mindez, amikor az állatok védelméről és szeretetéről beszélünk? Azért, mert a szimpla jó szándék és annak a vágya, hogy megváltoztassuk a világot, önmagában semmire sem elég.

Ahhoz, hogy A-ból B-be eljussunk, pontos tudással kell rendelkeznünk a jelenlegi helyzetről, tudnunk kell, hogy hol is vagyunk igazából. Pontosan meg kell határoznunk, hogy hová akarunk eljutni, mi az elérendő célunk. Végül pedig megfelelő kompetenciával még az indulás előtt fel kell térképeznünk az oda vezető utat, hogy végül oda is érjünk.

Az elméleti tervezésnek nagyon fontos szakasza az információk után való teljes körű kutatás, valamint az ezt követő elemzés, amelynek a megismert tényeken kell alapulnia. Nagyon sokszor, nagyon komoly témakörök kizárólag feltételezéseken és szóbeszédeken alapulnak. Ezt követően pedig ezekre a tévhitekre építjük fel minden cselekvésünket, majd csodálkozva bámulunk a világba, hogy vajon miért nem működnek úgy a dolgok, ahogyan azt mi szeretnénk.

Egy stratégiát szimplán és színtisztán feltételezésekre felépíteni olyan, mintha egy házat kezdenénk el építeni megfelelő tervrajz nélkül. Amikor házat építünk, nem csak arra a vágyra és belső késztetésre van szükség, hogy szeretnénk egy új házat, mert az milyen jó. Nem csak lelkesedéstől fűtött emberekre van szükségünk a sikerhez.

Kell a pozitív elhatározás és jövőkép, szükséges az elszánt emberek sokasága, de a sikerhez továbbá kell még szakértelem, minőségi alapanyag és mindenek felett, szükség van egy pontos tervre és egy kivitelezési taktikára is. Semmi jóra nem vezet, ha valaki a falakat máshogy rakja, mint amilyen méretű például az ajtó vagy az ablak. Tervre szükség van. Mindenkinek a tervnek megfelelően összhangban kell dolgoznia, hogy az elképzelt dolgok egy szép napon megvalósuljanak.

A problémák gyökere

A tervezés egyik legösszetettebb fázisa az, amikor kielemezzük a környezetet, és megpróbáljuk feltárni, megérteni az összes olyan összefüggést a tényezők között, amelyekre ha megfelelő módon ráhatással bírunk, elérhetjük célunkat.

Tényleg a kutyatenyésztés felelős a kutyák túlszaporodása miatt? Ha így van, tiltsuk be. Meg fogja ez oldani az utcán kóborló keverék kutyák sorsát hosszú távon? Egyértelműen nem. Így teljesen mindegy, hogy mennyire egyszerű felállítani egy ilyen összefüggést.

Hogyha ott húzunk párhuzamot egymástól független dolgokban, ahol valójában nincs is, akkor teljesen hibás, igazságtartalom nélküli ok-okozat összefüggéseket vezetünk le, annak pedig az lesz a logikus végkifejlete, hogy eredményt sem fogunk elérni.

Amint közismert, az állatkínzás számos fejlett társadalomban törvény által tiltott cselekedet. Szimplán csak a jogalkotás képes volt véget vetni ennek a problémának? Egyértelműen nem. A probléma megszüntetéséhez, vagy a mértékének csökkentéséhez meg kell találni azt a tényezőt is, amelyből maga a probléma ered. Azt a pontos okot, ami miatt az állatkínzás bekövetkezik, csak azért, hogy megelőzzük azt. A törvénykezés és az ilyen cselekedet jogi büntetése nem sok vigaszt hoz a megkínzott kutyáknak, csak az ember igazságérzetének kielégülését segíti bizonyos mértékben.

De vegyünk egy másik, az állatok világától elvonatkoztatott példát, amely úgyszintén mind a mai napig megoldatlan maradt. Amikor pénzt adunk egy hajléktalannak, valószínűleg segítünk a helyzetén. Igen, egy rövid időre. Egészen addig, amíg az az összeg kitart. És azt követően? Hogyha ilyen társadalmi jelenségekkel akarunk szembeszállni, egészként kezelni őket és hathatós, hosszú távú eredményt elérni, akkor amellett, hogy tüzet oltunk, hogy enyhítsük a már meglévő kárt, tartósan rendbe is kell hoznunk magát azt a helyzetet, ahonnan az egész probléma kiindul. Megoldást kell találni az egyén helyzetének tartós megváltoztatására, továbbá meg kell találni annak a módját is, hogy másokat megóvjunk attól, hogy utcára kerüljenek, menthetetlenül és végérvényesen lesüllyedjenek. Amikor a tevékenységünk csak abból áll, hogy egy érmét adunk minden nap, mellőzve a megelőzést és a valós okok felkutatását, a mélyen gyökerező probléma tovább létezik és tovább gyűrűzik, még több gondot okozva. Egy nap pedig ráébredünk, hogy minden próbálkozásunk és minden odaadott pénzérménk ellenére még több segítségre váró hajlaktalan ember él az utcán. A világ pedig nem lett jobb hely.

Az emberek általában a felszínen látható dolgokra koncentrálnak, azokat az állapotokat vagy helyzeteket próbálják megszüntetni amelyek közvetlenül érzékelhetőek.

Viszont a felszíni kezelés az esetek többségében sosem hat ki a probléma gyökerére. A mélyen gyökerező mechanizmusokra történő ráhatás nélkül a probléma forrása tovább munkálkodik, még akkor is, hogyha a felszínen látványos változást tudunk elérni. A probléma előbb vagy utóbb úgyis ismét felüti a fejét, hiszen semmit se tettünk azért, hogy ezt megakadályozzuk.

A felszínes változtatások első körben jól néznek ki. Azt érezzük, hogy valamit elértünk. Ez így is van. Elérni elértünk valamit, viszont semmit sem oldottunk meg valójában. Továbbá mindaz a pozitív elhatározás és a látszati sikerélmények öröme, hogy valami fontosat véghezvittünk, eltereli a figyelmünket arról, hogy meglássuk, hogy miközben a felszínen dolgoztunk, semmi sem történt odalenn a problémák gyökerénél. Így azok a tényezők, amelyek azokat a dolgokat okozzák, amelyek felszámolásáért küzdünk, még mindig jelen vannak és minden valószínűséggel tovább működnek. Igazán veszélyes dolog az, ha csak a rövid távú célokra és eredményekre koncentrálunk.

Amikor a helyzet, amelyet orvosolni vagy megoldani kívánunk túl összetett ahhoz, hogy egyáltalán nekilássunk, könnyen eshetünk saját magunk csapdájába. Megvan a belső késztetésünk arra, hogy valami jót tegyünk, ezért nekiállunk tenni valamit, csak úgy. Csak annyit, amennyi erőnkből és energiánkból éppen akkor kitelik, de nem többet. Még akkor is, hogyha ez önmagában nem elegendő, és hosszú távon akár még több kárt is okozhat, mint jót.

Mindazonáltal, nagyon közkedvelt a rövid távú célok elérésére való törekvés. Ennek egyszerű oka annak természetében rejtőzik. Azonnali, vagy rövid időn belüli visszajelzést ad, láthatóak az eredmények és látszódik az, hogy a dolgok működnek.

Ezzel szemben viszont a hosszú távú stratégiák általában rejtett „hadműveletek", mivel ilyen módon nem nagyon lehet felmutatni az eredményeket, és ahogy az idő halad senki sem fogja érzékelni a változást, mert túl lassan történik, akár éveket vagy egy generációt felölelhet az, mire a valós változás láthatóvá válik.

A fent említett példák probléma megoldáshoz kapcsolódnak. De vannak még ennél is rejtettebb, kevésbé észrevehetőbb módjai a szociális problémák kezelésének, amelyek a megelőzésen keresztül érhetőek el. Ha prevenciós metodikát alkalmazunk, nem várunk arra, hogy valami bekövetkezzen. Megtesszük a szükséges lépéseket annak érdekében, hogy elkerüljünk egy olyan szituációt, amely ugyan nincs jelen, de tudjuk azt, hogy ettől függetlenül bármikor bekövetkezhet. Ennek eredményeként nem kell azzal foglalkozunk, hogy a már megtörtént bajt próbáljuk utólag rendbe hozni.

A definíciók hiánya

Az állatvédelmi problémákat figyelemmel kísérve könnyen szembesülhetünk azzal a ténnyel, hogy minden igyekezet ellenére visszatérő, örökérvényű helyzetekre próbálunk ismétlődően megoldást keresni.

A menhelyek kóbor kutyákkal telítve. De állandó feszültséget tapasztalhatunk a különböző társadalmi szervezetek, vagy a társadalom azon szegmensei között is, amelyek élete a kutyáéval valamilyen szinten össze van kötve.

Ha a vizsgálódásba belevesszük az időtényezőt is, mármint azt, hogy ezek a problémák hogyan változtak az elmúlt évek, vagy évtizedek alatt, látható, hogy a fő irányvonalak még mindig ugyanazok. És mégis, sosem volt ennyi szervezet, mint most, akik működésüket annak szentelték, hogy négylábú társunk életét jobbá tegyék.

Akkor mégis mi a probléma? Miért nem működik a rendszer?

Gondolkodjunk el egy kicsit az "állatjólét" fogalmának jelentése felett. Képesek vagyunk megfogalmazni egy definíciót, ami pontos leírást ad mindarra, amit ez alatt értünk? Hogyha biztosítani akarjuk az állatok jólétét, tenni akarunk ennek megteremtéséért és fenntartásáért, alapvető dolog az, hogy tisztában legyünk azzal, hogy mi is a pontos célunk, mit is jelent valójában az az állapot, amikor az állatok jóléte megvalósul.

A legjobban részletezett definíció valószínűleg a CAROdog (Companion Animal Responsible Ownership) szójegyzékében található, miszerint:

„Egy állat megfelelő jólétben részesül akkor, amikor (a tudományos bizonyítékoknak megfelelően) egészséges, nyugodt, jól táplált, biztonságban van, képes kifejezni a veleszületett, ösztönös viselkedését, és nem szenved kellemetlen állapotoktól, mint például fájdalom, félelem és szorongás."

A probléma ezzel a definícióval az, hogy olyan fogalmakat tartalmaz, amelyek mindegyike további magyarázatot és részletes körülírást igényel, mint például "biztonságban van", "nyugodt" és hogy "képes kifejezni a veleszületett, ösztönös viselkedését". Mindezen fogalmak pedig "tudományos bizonyítékoknak megfelelően" kerülnek meghatározásra. De mint tudjuk, a tudomány napról napra fejlődik. Akkor ez a definíció is napról napra mást jelent gyakorlati szinten?

A DNS kutatások nagy előrelépéseket tettek az elmúlt évtizedben, így az ezen területet érintő tudásunk napról napra változik. Másik új keletű és rohamosan fejlődő tudományág a kutyák pszichológiájával foglalkozik, és már eddig is számos áttörő eredményt hozott. Sok esetben bebizonyosodtak korábbi találgatások, vagy éppen megcáfolták azt, amit eddig hittük arról, hogy a kutyák hogyan érzékelik a mi világunkat, hogyan tanulnak, viselkednek, reagálnak, hogyan lépnek interakcióba, és mindezek értelmében egy adott temperamentumú kutyát hogyan tudunk kezelni.

Mindezt figyelembe véve, ki az, aki pontosan kijelentheti, hogy egy kutya mikor van biztonságban, nyugalomban és képes kifejezni a veleszületett, ösztönös viselkedését? Ha még hétköznapibb szavakat használunk, kérdezhetjük azt is, hogy egy kutya mikor "vidám" és "mentálisan jól tartott"?

Mindezek megfogalmazása viszont szükséges ahhoz, hogy tudjuk, az állatjólét teljesül-e egyáltalán. Pontos definíciók nélkül változást elérni szinte lehetetlen.

A végig nem gondolt rendszer

A tudatosság nem csak az állatvédelemben használt fogalmak esetében fontos. Akármennyire is furcsa, de ha elkezdjük végiggondolni azt, hogy miről is szól maga az állatvédelem, azt tapasztalhatjuk, hogy egy sokkal összetettebb kérdéskörről van szó, mint ahogy azt alapesetben hisszük. Számos különböző fő területre lehet osztani. Külön kiemelem, hogy fő területre. Mivel ezek a fő területek egyenként további alrészekre bonthatóak.

A magyar nyelv sajátossága, hogy nem rendelkezik különféle megfogalmazásokkal, általánosságban állatvédelemnek tekintünk minden olyan tevékenységet, amelyet az állatok jólétéért teszünk. Ezzel szemben például angol nyelvterületen ezekre a tevékenységekre a „welfare and protection", azaz jólét és védelem fogalmakat használjuk. Az „állatjólét" használata a magyar szakzsargonban nem jellemző, valamint nagyon sokan tekintik magát az állatmentést az állatvédelemnek.

Ezek a megfogalmazások és a mögöttük lévő valós tevékenységek valójában csak elméleti modellek. Viszont bonyolult, összetett rendszerről van szó, ezért nem árt az, hogyha ezeket kategorizáljuk és megpróbáljuk leírni, hogy melyik terület mivel foglalkozik, milyen célkitűzései vannak, tekintve, hogy mindegyik teljesen más feladatot ölel fel.

A leggyakoribb és legismertebb állatvédelmi tevékenység az állatmentéshez kapcsolódik. Ez az a terület, amely az elhagyott kutyák felkutatásával, állapotuknak stabilizációjával, rehabilitációjával foglalkozik, illetve célul tűzi ki azt, hogy ezeket az egyedeket visszahelyezze az emberi társadalomba, és új otthont találjon számukra.

Az állatmentés rendkívül erőt próbáló és nagyon fontos folyamat, ahol testközelből szembesülünk az állatokkal való kegyetlen bánásmód következményeivel és azzal, hogy az elhagyott állatok milyen sorsban részesülnek. Ez a társadalom részére legszembetűnőbb terület, mivel az elhagyott állatok otthonkeresése már csak emocionális okokból is figyelmet kap.

Szerencsére egyre elterjedtebb nem csak a fizikai, hanem a mentális rehabilitációja is a mentett kutyáknak. Egy viselkedési problémákkal küzdő kutya esetében nehéz jó első benyomást tenni a potenciális új tulajdonos felé. Ráadásul ha az utcára kerülés fő oka ezen problémák generálta nehézség volt, ezek újra megismétlődve könnyen vezethetnek oda, hogy egy örökbe adott kutya rövid időn belül újra az utcán, vagy a menhelyen találja magát.

A kóbor állatok mentése kizárólag a már bekövetkezett helyzet kezeléséről szól, viszont ritkán foglalkozik a kialakult helyzet megelőzésével.

Mi a valós indíték, ami egy állat utcára kerülése mögött van? Egy kicsapott kutya otthonra találása megment-e egy másikat ettől a sorstól? Hogyha csak az állatmentésre koncentrálunk, akkor miközben egy baj-

bajutott kutyán próbálunk segíteni, két másik végzi az utcán. Ez az oka annak, hogy az önkéntesek gyorsan kiégnek, mivel minden igyekezetük ellenére csak egyre több segítségre szoruló kutyát látnak. Hogyha nem találjuk meg a hathatós módját annak, hogy elvágjuk a kóbor kutyák "utánpótlását", csak szélmalomharcot vívunk.

Az állatjólét megteremtéséhez szükséges másik nagy terület az állatok jogaival foglalkozik. A jog egy fontos terület, de általában teljesen félreértelmezett. Ennek oka pedig nem a jogértelmezés hiánya, hanem annak felismerése, hogy a jog hogyan implementálható hatékonyan a társadalomba és hogyan fejti ki hatását.

A jog önmagában egy keretrendszer arról, hogy hogyan és hogyan ne csináljunk dolgokat. Hasznos eszköz lehet, ha az életben lévő szabályrendszer jól van összeállítva és adaptálható a mindennapi életre. Az általános probléma a törvényhozással az, hogy egy adott magatartásforma betiltása önmagában sosem lesz megoldás. Be lehet tiltani az állatbántalmazásokat, de csak azért, mert ez törvénybe van iktatva, nem jelenti azt, hogy a probléma köddé válik azon nyomban. Rendkívül fontos a jogi támogatottság megléte, viszont a jog önmagában semmit sem old meg. Sok esetben hallhatjuk az ismétlődő frázist, miszerint "mindent megtettünk, és a káros viselkedést megtiltottuk." Viszont ha mégsem működik, nos, akkor az valaki más hibája. Részünkről a dolog letudva.

Az állategészségügyi kérdések egy különálló és gyorsan fejlődő terület, amely egyáltalán nem hanyagolható el, hogyha az állatok jólétéről beszélünk. Beleértve ebbe mind a fizikai, mind a mentális jólétet. Ez a terület is sokszor a félreértések áldozata.

Amikor állategészségügyről beszélünk, sok esetben még mindig csak a genetikailag öröklött betegségeket soroljuk ide, és ez az állategészségügyi kérdés általában a tenyésztéshez kötődik csak. A genetikai kutatások nagy gyorsasággal fejlődnek és ennek köszönhetően egyre több betegség működését fedezzük fel, különösen igaz ez azokra, amelyeket génhibák okoznak. Ezek a rendellenességek bizonyos mértékig kontroll alatt tarthatóak, vagy odafigyeléssel a tenyésztés során akár még ki is küszöbölhetőek. Ez az a pont, amikor az emberi felelősség reflektorfénybe kerül.

Viszont lefedtünk-e minden egészségügyi kérdést, hogyha genetikailag minden rendben egy kutyánál? Nem, egyáltalán nem. Mi a helyzet a túlsúlyos kutyákkal, akik azért lettek ilyenek, mert szomorú tekintettel sikeresen kunyerálnak még több ételt? Mi van azokkal a kutyákkal, amelyek fajtájuknál fogva sok mozgást igényelnének és kis lakásban vannak tartva? A lista arról, hogy mik azok a dolgok, amelyek egy kutya egészségére nézve károsak, viszont a kutyatartók nem vesznek figyelembe hosszan folytatható.

Az állatok jólétét biztosító területek közül – és figyelembe véve a nemzetközi terminológiát - a legnehezebben megfogalmazni talán az állatok védelmét lehet. A védelem (protection) nem keverendő össze az állatok mentésével (rescue), amely a már bajba jutott kutyákkal foglalkozik, mivel a védelem magában foglalja azt is, hogy prevenciós tevékenységet végzünk, hogy a baj ne következzen be.

Az állatok jólétének és jogainak védelme ilyen formában értelmezve nem egy elkülönült tevékenység, hanem azoknak a cselekvéseknek az összessége, amelyek lefedik az említett tevékenységek bármelyikét, vagy mindegyikét azzal a céllal, hogy az állatok jólétét elősegítsük és fenntartsuk.

Ezzel szemben a valóság

Elképzelhetetlen viszont az, hogy mindezen területek tevékenységeit egyetlen szervezet önmagában képes lenne lefedni. Nem is beszélve arról, hogy ezek a különféle területek különféle egyéb, speciális tudást megkívánó feladatokat hordoznak magukban.

Fontos ismernünk, megértenünk, átlátnunk azt a közeget, amelyben tevékenykedünk. Ezzel szemben, sok esetben alapvető fogalmakkal nem vagyunk tisztában.

És hogy a dolgok még nehezebbek és bonyolultabbak legyenek, a kutyákkal kapcsolatos bármiféle tevékenységeket a társadalom különféle csoportjai végzik. Tulajdonosok, tenyésztők, állatvédelmi aktivisták, kutyakiképzők, állatorvosok, politikusok, különféle nonprofit szervezetek. Mindezen szereplőknek külön nézőpontjuk, világnézetük, elgondolásuk és céljaik vannak. És érdekeik. Alapvetés, hogy az eltérő érdekek találkozása szüli a konfliktusokat. Ezen társadalmi csoportok a kölcsönös kommunikáció és egymás megértése helyett sok esetben csak egymással harcolnak. Az összetartás hiánya valószínűleg az egyik legalattomosabban megbúvó ellenség az állatok jólétéért folytatott küzdelemben.

Ahogy egy zsebóra sem képes működni egy hiányzó fogaskerék nélkül, úgy nem tud az állatvédelem komplex rendszere sem normálisan működni a felek együttes munkája, egymás meghallgatása, kompromisszum kötése nélkül, szem előtt tartva a közös célt: a kutyák jólétét.

Hatodik fejezet

Különböző érintettek, közös érdekek

Minden országban számos, a kutyák jólétével foglalkozó állatvédelmi szervezetet találhatunk. Néhányan már évtizedek, vagy még régebb óta jelen vannak. Időről időre újak tűnnek fel, akik nagy elánnal vetik bele magukat a munkába, és vagy sikerül maradandót alkotva életben maradniuk, vagy akármilyen okból kifolyólag sosem hallunk róluk többet. Ezen szervezetek által ellátott különféle tevékenységek mindegyike létfontosságú. Viszont van még számos szervezet, társadalmi csoport, akiknek mindennapi léte nagyban hozzájárul ahhoz, hogy egy ország színvonala az állatjólét terén miért van ott ahol, és éppen hova tart.

Komplexitás

Az állatok jólétének és védelmének megteremtése számos különféle területet ölel fel. Ez a tevékenységi skála sokkal szélesebb, mint ahogy azt jelenleg az általános elgondolás hiszi. Ugyanez igaz az állatvédelmi problémák mögött megbúvó ok-okozati kapcsolatokra és az összetett logikai összefüggésekre.

Például, a kóbor kutyák problémaköre a túlszaporodásból és a felelőtlen állattartásból ered. A túlszaporodás nagy arányban köszönhető az ipari mértékű szaporításnak és a felelőtlen, sokszor nem is tervezett otthoni tenyésztésnek. A felelőtlen állattartás alapvetően az, amikor a tulajdonos van annyira önző és felelőtlen, hogy figyelmen kívül hagyja azt az alapvető tényezőt, hogy az általa biztosítható körülmények egyáltalán kielégítőek-e ahhoz, hogy állatot tartson. Továbbá magában foglalja a kutyatartáshoz szükséges alapvető tudás és ennek megszerzésére irányuló elhatározás hiányát is, valamint annak meglétét, hogy még akkor is törődjön a kutyájával, amikor az éppen kezelhetetlenné válik.

Amennyiben a kóbor kutyák populációjára megoldást akarunk találni, úgy meg kell vizsgálnunk az összes tényezőt, amelynek akár a legapróbb kihatása is van erre a jelenségre.

Ha a kutyák populációját szeretnénk megóvni a hontalanságtól, akkor a társadalom közegét nem csak a menhelyen vakvágányra terelt kutyákról kell értesítenünk örökbefogadók után kutatva, hanem nevelnünk kell őket arra is, hogy hogyan legyenek felelős állattartók, milyen tényezőket vegyenek figyelembe, amikor vásárlásra, vagy örökbefogadásra adják a fejüket, és hogyan kell eljárniuk, hogy elkerüljék a nemkívánatos és felesleges szaporulatot.

Az állatvédelmi tevékenységek egy része rövid idő alatt is sikerre vihető, mint például a kutyák mentése és az új otthon felkutatása. Több, fontosabb feladat viszont csak hosszú távon érhető el és ezek sikerességét nehezebb is mérni. Ilyen például az oktató jellegű tevékenység kihatása a társadalom egészére. Hatalmas hiba az, amikor valaki, aki állatvédelmi tevékenységet folytat csak azokra a dolgokra koncentrál, amelyek jelentősen látványosak és megfeledkezik azokról a mélyebb dolgokról, amelyek viszont nem annyira szembetűnőek.

Ezek a kevésbé látványos feladatok úgyszintén részei az egész állatvédelmi tevékenységkörnek. Kétségtelen, hogy az állatvédelmi feladatok rendkívül összetettek. Viszont ha célunk az, hogy változást indítsunk el az egész társadalomban, nem ugorhatjuk át ezeket a nehezebben kivitelezhető tennivalókat sem, amelyek akár kis mértékben, de hatással vannak a társadalomra.

Ha nem oktatjuk az embereket arról, hogy hogyan is kell egy kutyát tartani, akkor az ebből adódó mindennemű probléma velünk marad, széles körben kihatva az állatvédelmi kérdésekre. Amikor nem vagyunk képesek hatékonyan kommunikálni és meggyőzni a hozzá nem értő embereket, hogy ne vásároljanak szaporítótól – beleértve ebbe azt is, hogy hogyan ismerjenek fel egy szaporított kutyát – akkor az igény ezek iránt az olcsó, viszont nagy valószínűséggel beteg kutyák iránt sosem fog csökkenni.

Természetesen bármilyen tevékenység hasznos, de legnagyobb hatás akkor érhető el, amikor nemcsak a felületi problémákra, hanem ezen problémákat okozó jelenségekre is keresünk megoldást. Ellenkező esetben semmilyen küzdelem nem lesz annyira hathatós, mint lehetne, és céljaink elérése is tovább fog tartani.

Az állatvédelemhez tartozó különböző tevékenységek különféle, egymástól eltérő készségeket, szakértelmet és végrehajtott munkát igényelnek. Kutyákat menteni és egy menhelyet fenntartani például teljesen eltér egy oktatási stratégia kialakításától.

Az állatvédelem színvonalának vonatkozásában számos különböző szervezet vagy társadalmi csoport működik, akiknek a mindennapi léte és tevékenysége nyomot hagy, téve ezt akár közvetlen, öntudatlan módon. Ezek a csoportosulások viszont ritkán kooperálnak egymással, leginkább egyedül dolgoznak.

Akik azért jöttek létre, hogy segítsenek

Egyértelmű, hogy a legközvetlenebb kihatást az állatvédelem állapotára és színvonalára azok a különféle nonprofit civil szervezetek teszik, amelyeket pontosan azért hoztak létre, hogy az ellátható feladatok közül egyet vagy többet véghezvigyenek. Ezek a nonprofit szervezetek alapesetben jól meghatározott célkitűzésekkel rendelkeznek és jó esetben gyakran találunk közöttük olyanokat, amelyek az állatvédelem adott, speciális területére fókuszálnak. A legtöbb ilyen szervezet menhelyként működik, de találunk olyat is, amelyek fő profilja az oktatás, a rehabilitáció, vagy speciális tevékenységükkel a nem szokványos helyzetekben lévő kutyáknak segítenek, például különféle fogyatékosságok esetén. Nagyon sok esetben ezen szervezetek tevékenysége a fent említett területek és feladatok egyvelege.

Az állatvédő szervezetek sikeressége számos dologtól függ. A jó anyagi helyzet, a letisztult stratégia és annak megfelelő kivitelezése, a pozitív és széleskörű társadalmi kapcsolatok megléte, a megfelelő számú és kellően elhivatott önkéntesek segítsége, támogatása és természetesen a kapcsolati tőke is elengedhetetlen. Mindemellett van még egy dolog, amit nem igazán veszünk számba, viszont hiánya egy egész szervezetet le tud rombolni nagyon rövid idő alatt, függetlenül attól, hogy mennyire fontos tevékenységet végez és milyen jól. Ez a tényező az átláthatóság és a hitelesség együttese.

A nonprofit, mint jogi kifejezés nem azt jelenti, hogy a szervezetnek nincs szüksége profitra a működéséhez. Azt jelenti csupán, hogy az elsődleges cél a szervezet alapcéljainak teljesítése a profitelérés helyett. A bevételük a magánszemélyektől, szervezetektől, más alapítványtól érkező felajánlásokból, vagy akár a kormánytól megpályázható támogatásból áll.

Időről időre felüti a fejét a botrány, amikor állatvédő szervezeteket sikkasztással, hűtlen kezeléssel, csalással, vagy szimplán azzal vádolnak, hogy a rendelkezésre álló erőforrásaikat nem a megfelelő hatékonysággal használják fel az állatok érdekében, noha az ő védelmükre tettek esküt. Az ilyen jellegű gyanú legkisebb szikrája is hatalmas pusztítást végző tűzvészt okoz.

Az, hogy valaki önkéntesként egy szervezetnél dolgozzon, vagy pénzt adományozzon, bizalmat kíván. Amikor egy adott cél érdekében adományozzuk saját időnket vagy pénzünket, hinnünk kell abban, hogy az ügy, amit támogatunk, vagy amiért harcolunk, beteljesíthető. Ellenkező esetben rászedve érezzük magunkat.

Ezért az egyik legfontosabb dolog az állatvédelmi szervezetek esetében a munkájuk átláthatósága. Egy szervezet rendelkezhet a legnemesebb erkölcsi célokkal elméleti síkon, de ha a puszta valóság ezzel ellentétes, vagy bármi más okból elveszíti a társadalom bizalmát, a játéknak vége. Az átláthatóság prezentálja és szolgál bizonyítékul a támogatók részére, hogy a pénzük, idejük és erőfeszítéseik valójában arra kerülnek felhasználásra, hogy haladást érjenek el az állatvédelemben és a kutyák segítésében.

Sajnálatos módon több esetben beigazolódott már, hogy mivel egy állatvédelmi szervezetet üzemeltetni egyúttal pénzforrást is jelent, ezért a szervezet alapítóinak elsődleges célja a pénzügyi haszonszerzés volt. Nagyon könnyű rövid idő alatt sok pénzt gyűjteni az állatvédelem nevében. Senki sem szeret megkínzott és sanyarú sorsú állatokat látni, és az emberi jóakaratot ilyen módon kihasználni és visszaélni vele mondjuk úgy nem túl nehéz, viszont több mint erkölcstelen: szégyenletes és visszataszító.

Azt viszont mindvégig szem előtt kell tartani, hogy minden szervezetnek szükséges fedeznie a kiadásait. Szükségük van szakemberekre, például azért, hogy elkészítse a teljesen átlátható elszámolásokat. Kampányokat kell szervezni az önkéntesek toborzására és az adománygyűjtésre. Nagyobb szervezeteknek a célkitűzéseik alapján szükségük van fizetett, állandó alkalmazottakra, akiknek a bérét ki kell termelni, mivel ők ahelyett, hogy máshol vállalnának egy teljes állású munkát, inkább a szervezet mellett döntöttek. A lista pedig a kiadásokról, amelyek szimplán arra kellenek, hogy maga a szervezet fennmaradjon, még hosszan sorolható lenne.

Vannak esetek, amikor nem könnyű meghúzni azt a bizonyos határvonalat és eldönteni, hogy melyik szervezet foglalkozik valójában az állatokkal és mennyire erős motivációs elem a pénz maga. Ítélkezni nagyon könnyű, főleg negatív módon, de a megalapozatlan és logikusan végig nem gondolt előítélet nagyon veszélyes dolog. A szervezetek megítélésének kialakítása, egy hiteles és valós kép felépítése pedig minden állatvédelmi szervezet életében fontos elemként kéne szerepeljen.

Akik regisztrálnak

A kennel klubokat beleszámítani az állatvédelemmel foglalkozó szervezetek közé sokak számára kissé furcsának tűnhet.

Először is folyamatos konfliktus van a tenyésztői társadalom és az állatvédő szervezetek között.

A tenyésztőket sokszor okolják, csakúgy mint a kennel klubokat, akik a regisztrációjukat végzik, hogy ontják a kutyákat a világra, miközben a menhelyek tele vannak. Napi szinten láthatunk kampányokat azzal a feliratozással, hogy minek venni kutyát, hogyha örökbe fogadni is lehet és ezzel megmenteni egy életet.

Egyértelműen versenyhelyzetről beszélünk. Gazdára váró kutyák sokasága található meg a kennelekben és a menhelyeken egyaránt. Valaki elhatározza, hogy kutyát szeretne és megkezdődik a verseny, hogy honnan is válasszon magának az illető.

Mindazonáltal ahogy korábban már feltártam, levezettem és elmagyaráztam, ez egy rendkívül káros hozzáállás mindkét fél részéről, mivel ezek a harcok csak az időt és energiát viszik el úgy, hogy sosem fogják csökkenteni azon kutyák számát, amelyek a felelőtlen tenyésztés és felelőtlen kutyatartás miatt kerülnek bajba.

A kennel klubok minden országban hasonló, mégis eltérő módon működnek. A közös és fő tevékenységük a fajtatiszta kutyák regisztrálása a törzskönyvbe és ennek alapján a származásukat igazoló lap, a törzskönyv, vagy más néven pedigré kiállítása.

A kennel klubok állatvédelmi szerepvállalása viszont országonként változik. Fontos szem előtt tartani, hogy amikor egy kennel klub eldönti, hogy a működési stratégiája nem öleli fel magát a közvetlen állatvédelmi tevékenységek végzését, ez a puszta tény önmagában befolyásolja az ország állatvédelmi helyzetét és ugyan nem közvetlenül, de markáns kihatása lesz az állatvédelem állapotára.

A származási lapok kiadása színtiszta adminisztratív folyamat. Mégis, a követelmények, amiknek meg kell felelni ehhez, a kutyák egészségét befolyásolják. Számos korlátozás, előírás, kötelező DNS teszt van ami biztosítja az elkövetkezendő generációk egészségét és csökkenti az örökletes betegségek kockázatát. Ezek a követelmények kennel klubonként eltérőek és nagy mértékben befolyásolják a kutyák populációját az országban. Sok esetben a tenyésztő és az a környezet, ahol a tevékenységét végzi, ellenőrizhető és felügyelhető. Amikor a tenyésztő úgy dönt, hogy születik egy alom a közeljövőben, egészen biztosan szándékában áll pedigrét is kiváltani. Ez azt eredményezi, hogy a tevékenysége rögzítésre kerül, ami pedig oda vezet, hogy a felelőssége és a tevékenységének nyomonkövethetősége biztosítottá válik.

Egy alom regisztrálása nem jelenti magától értetődőnek, hogy a tenyésztő a születendő és már megszületett kutya érdekében mindent megtesz, beleértve ebbe a szülők jólétét is. Minden kennel klubnak szüksége van etikai elvárásokra és iránymutatásra azért, hogy tagjai tisztában legyenek azzal, mit jelent a felelős tenyésztés. Ha pedig bekövetkezik az, hogy ezeket az alapelvárásokat valaki megsérti, a kennel klubnak rendelkeznie kell megfelelő eszközökkel és apparátussal, hogy a tenyésztővel szemben fellépjen, akár jogi úton is.

Az ilyen helyzetekben kérdéses, hogy az adott ország jogi rendszere milyen lehetőségeket biztosít a kennel klub számára, amikor azon tenyésztőkkel szemben próbál meg eljárni, akik a profizmus esetében elvárható felelősségteljesség helyett teljesen felelőtlenül, állatvédelmi problémákat generálva jártak el.

Amikor joghézagok vagy ellentmondásos nemzeti szabályozás van érvényben, akkor történhet meg az, hogy akármennyire is szeretne a kennel klub eljárni a saját tenyésztőjével szemben, nem áll rendelkezésére a megfelelő eszköztár.

A kennel klubok tevékenységével kapcsolatban az elmúlt években időről időre felmerült egy újabb, megosztó kérdés: a keverék kutyák regisztrálása.

A kennel klubok tradicionális célkitűzése azon személyek összegyűjtése és képviselete, akiknek hobbija a fajtatiszta kutyák tenyésztése és a hozzájuk kapcsolódó különböző sportágak űzése.

A fajtatiszta kutyák tenyésztése mögötti alapfilozófia az adott kutyafajták karakterisztikájának és funkciójának a megőrzése. A keverék kutyák megítélése, azok léte teljesen ellentmondásos ebben a megközelítésben, ezért az esetleges regisztrációjuk számos pro és kontra véleményt hordoz magában. Határozott útmutatást adni ebben a témában egyáltalán nem olyan egyszerű.

A regisztrált állatok nyomonkövethetősége mellett állatvédelmi szempontból valószínűleg a legnagyobb haszna a keverék kutyák regisztrációjának az lenne, hogy egy ilyen lehetőség elmélyítheti a felelősség érzését. Egy ilyen mozzanat egyértelműen azt jelentené, hogy a kutya "valaki", aki élőlényként nyilván van tartva. Ez kihangsúlyozná a kutya értékét.

Viszont aki már eddig is felelős állattartó volt, annak esetében nincs szükség ilyen trükkre, hogy ezáltal jobban gondoskodjon kedvencéről. Ezzel szemben azok, akik alapvetően nem törődnek saját kutyájuk jólétével, sosem fogják alávetni magukat egy ilyen adminisztratív folyamatnak. Arról nem is beszélve, hogy ugyanekkora hajlandóságot mutatnának egy megszülető alom regisztrációjakor is.

Mivel a keverék kutyák regisztrációja nem egy széles körben elterjedt jelenség, nem igazán lehet azt felvázolni, hogy milyen kihatása van a kutyák jólétére, jelenthet-e ez bármiféle előrelépést.

Akik tenyésztenek

Még ha nem is úgy tekintünk a tenyésztőkre, mint az állatvédelmi színtér aktív résztvevőire, tevékenységük és hozzáállásuk mégis nagy kihatással bír és sok mindent meghatároz. Ennek egyébként az esetek többségében maguk a tenyésztők sincsenek tudatában. Az állatvédelem koncepciója általában kimerül a kutyák mentése és újra elhelyezése kérdéskör mentén, ezért könnyen lehet, hogy emiatt a tenyésztők állatvédelemben érintett szereplők közé történő besorolása kissé furcsán hat.

Ott van természetesen még a történet egy másik oldala is. A tenyésztőket gyakran éri a vád az állatvédelmi szervezetek és aktivisták részéről, miszerint tevékenységükkel állatvédelmi problémákat generálnak. Ezen vádak alapkoncepciója az, hogy a tenyésztők tehetőek felelőssé a kutyák túlszaporodása miatt.

Amikor valaki felelős tenyésztő, nagyon valószínű, hogy elkötelezett a kutyák iránt, ezenfelül törődik is velük. Azonban ez nem jelenti azt, hogy a tenyésztőknek kellene minden állatvédelmi kérdés terhét cipelniük, csupán azért, mert napi szinten kutyákkal kapcsolatos tevékenységet folytatnak. Ezt a logikát követve azt is mondhatnánk, hogy a kutyakiképzők, a kutyakozmetikusok, a hivatásos sétáltatók vagy bárki más aki bármit tesz a kutyákkal, felelős az összes állatvédelmi problémáért.

Nem szokatlan, hogy profi tenyésztők közvetlen módon részt vesznek különféle állatvédelemi tevékenységekben, mint például adománnyal támogatnak állatvédelmi szervezeteket, önkéntes munkát végeznek, vagy akár menhelyet üzemeltetnek annak a fajtának a vonatkozásában, amelyben maguk is érintettek. Amikor az adott fajta, vagy abba a fajtakörbe tartozó kutyák nagy arányt képviselnek a kóbor kutya populációban, köszönhetően a felelőtlen otthoni tenyésztésnek, a szaporításnak és az állattartási kultúra hiányának, ez a jelenség nem vet túl jó fényt a fajtát tenyésztőkre sem.

Még abban az esetben is, hogyha a tenyésztők közvetlenül nem vesznek részt semmiféle állatvédelmi tevékenységben és megmaradnak saját kaptafájuknál, tevékenységüknek akkor is kihatása van az állatok jólétére.

Az állatok jólétének megteremtésére felhasználható eszköztár, ami alapján számos különféle tevékenységet folytathatunk, rendkívül sokszínű és ebből nem hiányozhat maga a felelős tenyésztés megléte sem. Ennek megléte, hiánya, vagy minőségének nem megfelelő szintje sok mindenre rányomhatja bélyegét.

Az állategészségügyi kérdések mellett a tenyésztők kihatása az állatvédelemre akkor is jelen van, amikor megjelenik náluk egy potenciális vevő, hogy az éppen aktuális alomból egy kiskutyát válasszon. Szerencsére a tenyésztők többségének teljesen természetes az, hogy új otthont találni a saját kutyáinak magában foglalja az elbeszélgetést a jövendőbeli gazdával, és annak felmérését, hogy az általa tenyésztett kutya részére az új otthon megfelelő lesz-e. Felelősségteljesen tenyészteni felöleli azt az attitűdöt is, hogy a tenyésztő törődése nem szűnik meg a tőle származó kutyák iránt abban a pillanatban, amikor azok elhagyják az almot. Ekkor a tenyészettel kapcsolatos döntés nem csak addig tart, amíg eldől, hogy a kiskutyák megszületnek, hanem miután a világra jöttek és kikerültek a kennelből, az életük hátralévő része is számít.

Az őszinte kommunikáció a tenyésztők és a potenciális kutyatartók között nagyon fontos a lehetséges jövőbeli negatív következmények elkerülése végett, és a kutyákhoz nem értők oktatása, nevelése céljából.

Egy jó és felelős tenyésztő teljesen tisztában van a fajta tulajdonságaival, karakterisztikájával és képesnek kell lennie arra, hogy felmérje, vajon a potenciális tulajdonos rendelkezik-e mindazzal a környezeti adottsággal, amely a fajta számára szükséges. A tenyésztők azok, akiknek a legmélyebb tudásuk van az adott fajtáról és nagyon fontos, hogy ezt a tudást ne tartsák meg maguknak, hanem továbbadják. A fajtához kapcsolódó speciális információk a viselkedésről, a kiképzésről és az egészségügyi követelményekről nem lehet visszatartott tudás. Nagyon fontos, hogy az új gazda megkapjon minél több információt, hogy közte és az alomból kikerülő kutya között az elkövetkezendő évek minél kevesebb problémával teljenek. Az oktatás elengedhetetlen eleme a változások elérésének és ezáltal az állatvédelmi problémák csökkentésének.

Az ivartalanítás kulcsfontosságú a nemkívánatos szaporulat ellen vívott harcban és a tenyésztőknek hatása van erre is. Amikor valaki azért vesz meg egy kölyköt, mert a szándéka az, hogy a kertben tartsa mint a család új kedvencét, sokat nyom a latba, ha a kutyát ivartalanítva adják el, megelőzve a nem kívánatos szaporulatot. Az esetek többségében pedig a kutyákat tényleg ilyen célból vásárolják. Az ivartalanítás még mindig tabu és negatív témakör sok ember számára, emiatt annak az okát, hogy a tenyésztő miért ragaszkodik ehhez, részletesen el kell magyarázni.

Hogyha az egyezség mégsem jön össze a tenyésztő és az új kutyát kereső személy között, a tenyésztő még mindig tud iránymutatást adni arról, hogyan folytassa a keresést és mit vegyen figyelembe az új kutya kiválasztásakor. Segítséget jelenthet egy olyan személy részére, aki nem igazán jártas a témában és az ilyen jellegű felvilágosító munka megóvhatja a hozzá nem értőt attól, hogy olyan helyzetbe kerüljön, hogy egy olcsó, teljesen kétes hátterű kölyköt vesz az interneten, vagy bármilyen olyan forrásból, amely szaporítókhoz köthető.

Sokszor hihetjük azt, hogy a tudás, amivel rendelkezünk és számunkra teljes mértékben természetes, más részére is az. De ez sosem igaz! Nem számít, hogy mennyire egyszerű és alapvető dologról van szó, lehet, hogy egy nagyon rövid felvilágosítás abszolút új megvilágításba hoz dolgokat egy kívülálló számára.

És miért is fontos egy tenyésztő részére ezen attitűdök elsajátítása és gyakorlása? Miért kéne a tenyésztőnek bajlódnia hosszas beszélgetésekkel a fajtáról és oktatnia az embereket valamiről, ami ránézésre teljesen irreleváns információ, amely nem is kapcsolódik szervesen egy kölyökkutya megvételéhez?

A tenyésztők eddig és ez után is sok állatvédelmi kampány fókuszában lesznek, és sok vád fogja érni őket a tevékenységük miatt. Az átlagember nem tesz különbséget egy professzionális tenyésztő, a kutyákat jó mókából vagy csak zsebpénzért tenyésztő házi tenyésztő és a kizárólag profitszerzés által motivált szaporító között. Nagyon gyakran mindhármukat egy kalap alá veszik. A tenyésztők saját érdeke az, hogy ezek a fogalmak végre helyükre kerüljenek a köznapi gondolkodásban.

A felelősségteljes tenyésztésnek összetett kihatása van a kutyák populációjára és jólétére, így számos állatvédelmi kérdésre is. Amikor egy tenyésztő időt, pénzt és energiát áldoz arra, hogy professzionális szinten végezze tevékenységét, akkor saját érdeke az is, hogy valósághű képet prezentáljon egyrészt azért, hogy a tenyésztők megítélését javítsa, másrészt pedig azért, hogy a kutyákkal kapcsolatos tévhiteket és félremagyarázásokat helyére tegye. A tenyésztők számára is fontos a tudást mellőző házi tenyésztés és a szaporítás visszaszorítása és a társadalom oktatása arról, hogy miről is szól valójában a felelős kutyatenyésztés.

Akik a jogot alkotják

A politikusoknak is fontos szerepe van, vagy kéne lennie az állatvédelemben. Ők azok, akiknek hatalmában áll változásokat eszközölni a jog segítségével, így formálva a társadalom hozzáállását. A politikusok megfelelő kapcsolatrendszerrel rendelkeznek, ismerik a jogalkotás gyakorlati menetét, buktatóit és tudják hogyan kell és érdemes lobbizni egy elérendő célért. Ők azok, akik ismerik a leghatásosabb módját annak, hogyan lehet hatékony változást hozni a nemzeti szintű szabályozásban.

Nem mondok azzal újat, ha azt állítom, hogy az esetek többségében a politikusok népszerűségtől vezérelve cselekszenek, biztosítva győzelmüket a következő választáson. Olyan témákban kell elköteleznïük magukat, amelyet a saját választói rétegük számára társadalomra kedvező hatásúként tudnak prezentálni.

Ha meg tudjuk adni a látszatát annak, hogy egy nagy kaliberű pozitív dolgot gyorsan és hatékonyan értünk el, akkor könnyű helyzetünk van abban, hogy a politikust az ügyünk mellé állítsuk.

A probléma a komplexebb, viszont rendkívül fontos témakörök esetében kezdődik, amelyek nem annyira látványosak, nem annyira nagy horderejűek, amikre nem könnyű felhívni a média figyelmét és nem igazán használhatóak arra, hogy lenyűgözzük a potenciális szavazókat. Mindezek ellenére nagyon fontos lenne, hogy ezeket a dolgokat jogi szempontból is rendbe tegyük. Keményen kell lobbizni azért, hogy az ilyen esetekben a politikusok hajlandóak legyenek részt venni.

Még problémásabb lehet az az eset, amikor a lobbi tárgya első ránézésre nem egyértelműen kristálytiszta, vagy nem hordoz magában egy cseppnyi politikai hasznot sem a politikus részére. A politikusok többségének nagy valószínűséggel nincs valós rálátása vagy sokatmondó információanyaga arról, hogy a gyakorlatban hogyan működik az állatvédelem, és hogy adott lépések megtétele milyen továbbgyűrűző kihatással és következményekkel járhat, amiért szükséges megtenni őket.

Normális esetben az összetett helyzetek kezelésére munkacsoport és bizottság szokott létrejönni teljesen eltérő nézőpontokat képviselve, hogy az adott szabályozás létrejöttéhez szükséges döntéshez megfelelő, szakmailag is helytálló javaslat készüljön. Így rendkívül fontos, hogy valós specialisták kerüljenek bevonásra, több nézőpont kerüljön megvitatásra és egy teljesen tiszta célkitűzés és felvázolt végeredmény legyen, amely elvezet ezen kitűzött cél beteljesüléséig, különben a jogszabály egy rossz helyzetet még rosszabbá fog tenni. A jogalkotási folyamat sosem egy egyszerű dolog és új perspektívákat megnyitó, vita tárgyát képező elgondolásokat sem egyszerű végigvinni és törvénybe iktatni. Viszont rendkívül fontos. Megfelelő és logikus jogszabályok nélkül mindig lesz egy létfontosságú tényező, amelynek hiánya lehetetlenné teszi, hogy valós előrelépést érjünk el.

Kéz a kézben

Az állatvédelemre kihatással bíró és résztvevő felek mindegyike különböző tulajdonságokkal, tudással és készséggel rendelkezik. Az esetek többségében egymástól függetlenül végzik tevékenységüket.

Azok, akik menhelyen dolgoznak nagy valószínűséggel sokkal több tudással rendelkeznek a bántalmazott kutyák rehabilitációjáról, mint például azok, akik a törzskönyv kiadási folyamat rendszerét felállítják. Azok, akik kutyákat tenyésztenek, egészen biztosan sokkal többet tudnak a genetikailag öröklött betegségek elkerüléséről, mint azok, akik egy állatvédelemmel foglalkozó konferenciát rendeznek. Minden tudás, mindezen már fellelhető információ fontos a különböző és tényleg széles területet átfogó állatvédelmi tevékenységek esetében, amelyek véghezvitele nélkülözhetetlen, hogyha tartós változást szeretnénk elérni.

Az együttműködés állatvédelmi csoportok és kennel klubok között nem lehetetlen, de nem túl gyakori. Még abban az esetben is, amikor tudás és a politikai kapcsolatrendszer megosztását nézzük, nagyon ritkán látni azt, hogy két különféle állatvédelmi szervezet együttműködik. Megesik, de nem ez a jellemző.

Az erők egyesítésének koncepciója ezen szereplők között elég idealisztikusan hangzik, de ennek megtörténte létfontosságú lenne. A tudás akkor a legerőteljesebb, amikor a különféle források egyesítik erejüket, megosztják, továbbterjesztik, és nincs elzárva kizárólagosan pár személy vagy szervezet részére.

Mindannyian nagyon sokat tanulhatunk másoktól, és mi magunk is sokat taníthatunk másoknak saját tapasztalataink alapján. Jó példákat találhatunk más területekről, ahol megoldottak olyan problémákat, amelyek ellen mi magunk még mindig harcolunk. Segíthetünk más országoknak megoldani állatvédelmi problémákat a saját tapasztalataink felajánlásával, amiket mi már megszereztünk. Magától értetődik, hogy az állatok esetében nem tényező az országhatárok fogalma és még nemzetiségük sincs, problémáik viszont annál inkább.

Ahogy ismétlődő jelleggel kiemeltem már többször, a hosszú távú eredmények eléréséhez az állatvédelem minden területét és problémáját figyelembe kell venni. Ha csak a tüneteket kezeljük, a betegség forrása kezeletlen marad. Amikor nincs teljes és alapos kezelés, nem érhetjük el a végső célunkat.

A valóban hatásos megoldás az állatvédelmi szférában egy hozzáadott új elem lenne, amely sosem létezett és valójában sosem fog életre kelni, mivel létrejötte logikailag teljességgel kizárt.

Ez az új elem képes lenne átfogó módon mélységében kielemezni az állatok jólétének állapotát az adott országban, összegyűjtve az összes gyenge pontot és hiányzó tevékenységet, majd alapos kiértékelést követően képes lenne eldönteni, hogy mire van még szükség ahhoz, hogy a rendszer teljessé és jobban működővé váljon. Ez a hiányzó elem például fel tudná tárni, hogy a kóbor kutyákat mentő szervezetek száma elegendő, de szükség lenne egy teljesebb oktatási kampányra, mert túl sok a kutyatámadás. Vagy arra a megállapításra juthatna, hogy az oktatás a különféle fajták eltérő temperamentumáról és igényeikről megfelelő, viszont jobban kéne lobbizni az illegális kutyakereskedelem ellen.

Ahogy mondtam, soha nem fog megtörténni, hogy egy szervezet, amelyet mindenki elfogad és kellő jogosítványokkal, valamint szakértelemmel rendelkezik, kiemelkedjen a semmiből és megszervezze az adott ország állatvédelmét stratégiai szempontból. Viszont ezek a példák pontosan szemléltetik, hogy az állatvédelemnek egy komplex rendszernek kéne lennie különböző, de egymással harmonizáló tevékenységekkel. Minél több ilyen területet le tudunk fedni, annál több előrelépést tapasztalunk.

Jómagam néha úgy érzem, hogy az állatvédelmi tevékenységeket a végtelen küzdelmek sokasága jellemzi, jelentősebb fejlődés vagy áttörés nélkül. Amint egy dolog megoldódott és egyensúlyba került, új problémák kerülnek a felszínre. Persze ha valóban arról van szó, hogy tartósan megoldódott. Mégis reménykedem azért abban, hogy nincs teljesen igazam.

A kutyák jóléti állapota az adott társadalomban leginkább a kóbor kutyák helyzetében ölt testet. Ők azok, akik reprezentálják az összes rejtett problémát, amelyeket nem olyan könnyű észrevenni, ideértve a felelőtlen tenyésztést, a rossz bánásmódot és az utcára kirakást a problémás kutyák esetében.

Mindazoknak, akiknek ráhatása van ezen dolgok menetére, kooperálniuk kéne egymással, egyesíteni saját képességeiket és erősségeiket, felállítani egyértelmű és tudatos stratégiákat és cselekvési terveket, majd pedig harmonikusan összedolgozni. Tisztában vagyok azzal, hogy ezek a szervezetek látszólag egymás riválisai, egymással ellentétes érdekekkel, valójában viszont a céljuk közös. El kell jutni arra a pontra és belátni, hogy egymás segítése nélkül soha nem lesznek képesek segíteni a kutyákat olyan intenzitással és sikerességgel, ahogyan azt valójában szeretnék.

Hetedik fejezet

Kampányok & Propagandák

A kommunikáció létfontosságú része az állatvédelmi tevékenységeknek. Az adománygyűjtés, a közösség figyelmének felhívása az állatvédelmi problémákra, információk terjesztése oktatási és tájékoztatási célból, a menhelyek életének bemutatása mind olyan tevékenység, amelynek láthatónak kell lennie, hogy hatást gyakoroljon és eredményt érjen el. Ha ezekről senki nem tud, soha semmi nem fog történni. A jól megtervezett kampányok és a professzionálisan lekommunikált propagandák kivétel nélkül kulcsfontosságú elemei az állatvédelemnek, még ha nem is tekintünk rájuk ilyen formában.

Az új kommunikációs korszak

Az internet és minden hozzá köthető, onnan eredő technológia az elmúlt években gyökeresen megváltoztatta az életünket. Napjainkban teljesen szokatlan, hogy valaki borítékba rak egy levelet, majd bélyeget ragaszt rá abból a célból, hogy megkérdezze egy rég nem látott ismerősétől, hogy hogyan telnek napjai. Valódi idő és pénz pazarlásnak hangzik mióta az email a mindennapjaink elválaszthatatlan részévé vált. Egy e-mailt elküldeni a világ másik végére és arra választ kapni akár egy perc leforgása alatt teljesen hétköznapi dolognak számít, mintha a világ rendje mindig is így működött volna.

Az e-mail a legalapvetőbb kommunikációs eszközök egyikévé vált, de a közösségi média oldalak – amelyek egyébként részben szintúgy kommunikációs eszközök – egyéb más változásokat is véghezvittek az életünkben. Teljes mértékben átformálták a mindennapi szokásainkat és az információszerzési lehetőségeket. Nyomogatjuk és pörgetjük okostelefonjaink kijelzőjét, azonnal értesülünk a világ történéseiről, rákeresünk hashtagekre, hogy aktuális híreket találjunk a Twitteren, megnézzük ismerőseink legújabb vizuális kreációit az Instagramon, vicces videókat nézünk és zenét hallgatunk a YouTubeon, az érdeklődési körünkbe tartozó dolgok után kutatunk a Pinteresten, és annak a listája, hogy mivel töltjük az időnket a Facebookon minden nap, igen hosszúra nyúlna. Az információáradat folyamatosan körbevesz minket.

Nem csak információt nyerni, de információt terjeszteni is ugyanilyen könnyű. Ha az interneten hagyott nyomunkkal felkeltjük mások figyelmét, ez vírusként terjed tova és egy szempillantás alatt nagy embertömeget érhetünk el a világ bármely pontján. Soha nem volt ennyire könnyű információt terjeszteni ekkora embertömeg számára az egész világon, ilyen rövid idő leforgása alatt. Mindemellett ez az egyszerűség és elérhető hatékonyság nem jelenti automatikusan azt, hogy az internetes kommunikáció sikeressége mindig ilyen könnyen kivitelezhető és hogy a hatékonysága garantált.

Most már máshogy "beszélünk"

Az online kommunikációs eszközöket és közösségi média oldalakat szintén mindenki használja, de ez nem jelenti azt automatikusan, hogy mindenki tisztában van azzal, hogy hatékony kommunikációra milyen módon alkalmasak, hogyan kell őket marketing és PR szemléletben alkalmazni.

Azokban az esetekben, amikor a jelenkor kommunikációs eszközeit akarjuk használni, mélységében kell elsajátítani azok funkcióit és meg kell értenünk melyik médiát milyen célra használhatjuk egyáltalán. Az emberek odakinn a nagyvilágban különféle módon kommunikálnak, minden média formátum más módon hatékony és a különböző közeget különböző módon lehet elérni. A közösségi média használatának nagyon fontos része megérteni pontosan azt, hogyan és miért használják az emberek, továbbá az állatvédelmi tevékenységek esetében az emberek hogyan reagálnak az ilyen úton kapott információkra.

A közösségi média megjelenésével egy teljesen új szakmai szegmens fejlődött ki a marketing és PR szakmán belül, mivel az új irányzat teljesen eltér a klasszikus modellektől és lehetőségektől, mint például a nyomtatott sajtó, a sajtóközlemények, a személyes megjelenés kiállításokon.

Ennek a különbségnek az egyik oka az, hogy a marketing és kommunikációs elméletek és praktikák mellett most már elengedhetetlenül szükséges bizonyos fokú technikai hozzáértés is, hogy tökéletes módon levezényeljünk egy online kommunikációs kampányt. A dolgot nehezítendő, az online marketing és PR eszköztára számos speciális területtel rendelkezik, amelyek adott pontokon mégis egymáshoz kapcsolódnak.

Ott van a keresőmotor optimalizáció, amelyet elterjedt nevén SEO-nak hívunk, amely a Google oldal találati listáján történő elhelyezésért felelős. A weboldal fejlesztés egy teljesen különálló terület, amely egyrészt fókuszál a nyitóoldal kialakítására, amely a legelső benyomást kelti a látogatóban, akit szeretnénk arra ösztökélni, hogy maradjon is az oldalunkon és használja is tovább, ahelyett, hogy elhagyja azt, és egy másik oldalt keres fel a Google találati lista alapján. A jó weboldalakhoz továbbá jól strukturált menürendszert kell felépíteni, még mielőtt a weboldal tényleges megjelenését eldöntenénk.

A közösségi médiacsatornákon és úgy általában az interneten történő hirdetéseknek megvan a maga külön szakirodalma, beleértve az elért eredmények elemzését is. Ez már egy olyan szakmai terület, amely évek óta saját lábán megáll.

Az elmúlt időkben a tartalommarketing, mint önálló irodalommal rendelkező terület is leválasztódott a többi területről, amely leginkább stratégiai eszköz arra vonatkozóan, hogy olyan tartalmat prezentáljunk a virtuális tér közönségének, amely felkelti az érdeklődését és aktivitásra készteti, függetlenül attól, hogy ez a tartalom a weboldalon, egy Facebook oldalon, vagy a Pinterest táblánkon jelenik meg.

Az igaz, hogy az interneten keresztül nagyon sok embert érhetünk el, ha sikeresen láthatóvá válunk számukra. De a fő cél nem csak az, hogy láthatóakká váljunk, hanem beteljesítsük az általunk közölt információ valós küldetését.

Az emberek megközelítése a virtuális térben teljesen más szabályok mentén épül fel, mint a való életben. Amikor például adománygyűjtő kampányokat futtatunk, akkor a valódi célunk az, hogy pénzt kapjunk. Viszont ha a kommunikációnk kizárólag abból áll, hogy folyamatosan és erőszakosan egy virtuális perselyt nyomunk az emberek arcába, könnyen elrettenthetjük őket.

Nagy látogatottságot elérni a weboldalunkon, követőket toborozni a Facebook oldalunkon, hozzászólásokat szerezni bejegyzésekhez és lájkokat a képeinkre önmagában nem egyszerű dolog, pedig ez még nem is a fő célunk, amit szeretnénk elérni. Különösképp nem az állatvédelemben.

Az állatok problémái a valós életben történnek, ezért nagyon fontos, hogy az embereket olyan cselekvésre késztessük, amellyel adott kampány valós célját tudjuk elérni. És ekkor kezdődnek a nehézségek. Az emberek online viselkedését, reakcióit egyáltalán nem könnyű megjósolni és arra bármit is építeni.

Most már máshogy viselkedünk

Annak a módja, hogy hogyan tudunk hatással lenni az emberekre, felkeltve a figyelmüket és meggyőzve őket, hogy higgyenek bennünk, rávéve őket olyan dolgokra, amelyeket szeretnénk, hogy megtegyenek, mind a marketing kommunikáció része és az emberi pszichológián alapszik. Durván hangozhat, de a helyzet az, hogy manipulálni szeretnénk az embereket, hogy a saját elvárásainknak megfelelően cselekedjenek. Ez lehet adománygyűjtés, vagy információk megosztása arról, hogy a túlzsúfolt menhely segítséget kér, vagy annak tudatása, hogy ideiglenes örökbefogadókat keresünk, vagy buzdíthatjuk őket arra, hogy egy közelgő konferencián részt vegyenek. És ekkor jön a dolgok neheze: az emberi természet pszichológiája a közösségi médiacsatornák használatával kapcsolatban számos homállyal fedett területtel rendelkezik.

Az emberek érdeklődését felkelteni valami iránt alapesetben nehéz dolog. Az állatvédelem ebből a szempontból azért szerencsésebb helyzetben van, mivel sokkal könnyebb reakciókat elérni vele az embereknél, mint egy általános témakörrel. Köszönhető ez annak, hogy nagyon könnyen vált ki érzelmeket és ezeken alapuló válaszreakciókat.

Ha kommunikációnk a társadalom széles körét, vagy akár egy speciális rétegét célozza meg, néhány fontos szempontot figyelembe kell venni. Mindenkinek eltérő neveltetése, kulturális, oktatási vagy vallási háttere van, és ezek által eltérő jellemzőket viselnek a személyiségükben. Ezek azok a különbségek, amelyek meghatározzák azt, hogy az egyes emberek hogyan érzékelik a körülöttük lévő információkat, és ez által mi lesz a reakciójuk. Nagyon röviden megfogalmazva, mindenki más nyelvet beszél és más nyelvet ért meg.

Amikor egy bejegyzés megjelenik a Facebookon, mindenkinek eltérő reakciója van rá. Ez az eltérés természetesen lehet kicsi is. Minden azon alapszik, hogy kinek mik a korábbi tapasztalatai, milyen ideológia mentén gondolkodik, milyen az éppen aktuális érzelmi állapota, mi az általános véleménye az adott témáról és még a műveltségi szint is mindehhez hozzájárul. Emiatt ilyen nehéz megjósolni az emberek reakcióit. Mivel egy új információ érzékelése és az arra adott reakció nem lehet pontosan lemodellezhető, nagyon nehéz előre megbecsülni a pontos végkimenetelét bármiféle állatvédelmi kampánynak.

Amikor az emberek viselkedését elemezzük a közösségi oldalakon, néhány további, a viselkedéssel kapcsolatos dolgot is figyelembe kell vennünk. Az online viselkedés – hogyha lehet ezt nagyon szabadosan így mondani – egy teljesen új területnek számít, így megdönthetetlen tudományos tézisek nem léteznek. Nagy számú releváns tanulmány és kutatás szükséges mielőtt megfelelően megértjük, hogy az emberek például hogyan használják a Facebookot és mit tesznek azzal az információval, amihez ott hozzájutnak vagy hogy mikor, hogyan és miért lettek befolyásolva és bátorítva, hogy aktívan részt vegyenek valamiben ahelyett, hogy csak nézelődnek vagy passzívan vizsgálják a dolgok menetét. A kutatások helyzetét továbbá nehezíti az is, hogy az online kommunikációs csatornák folyamatosan változnak, új funkciókkal és lehetőségekkel bővülnek, ezáltal az emberi viselkedés is folyamatos változás alatt áll.

Az az információmennyiség, amelyet az internet nagyon rövid idő alatt ránk ont, hatalmas. Az emberi agy viszonylag gyorsan adaptálódott a hatalmas információáradathoz. Amikor elkezdtük használni ezt a technológiát, hamar hozzászoktunk ahhoz, hogy az okostelefonunk képernyőjét pörgetve különböző információtöredékek követik egymást. Az információ, amellyel agyunknak meg kell küzdenie hatalmas mennyiségű és gyorsabban érkezik, mint valaha. Ki az viszont, aki vissza tud idézni három különböző dolgot, amit tegnap Facebookon látott? Úgy, hogy képes visszaemlékezni a pontos tartalomra is? Mindeközben viszont kétségtelen, hogy az egy nap alatt ilyen módon „megszerzett" információ több százra becsülhető. Könnyen jöttek, könnyen mentek.

A mindennapi életünkbe beépülő új szokások átdrótozták az agyunkat. Annak a módja, ahogyan érzékeljük és kezeljük a drasztikusan megnövekedett információáradatot radikálisan megváltozott. Agyunk az online média nélkül is szelektálja az abszolút haszontalan vagy érdektelen dolgokat azoktól, amelyeket végül a korlátozott kapacitású memóriánkban eltárol, és lényegtelen az, hogy az emlék rövid vagy hosszú távra kerül megőrzésre. Az emberi agynak megvannak a korlátai és a kapacitása is véges, főleg a tudatosan kezelhető memória esetében, és az ilyen fajta információ túláramlás sokkal nehezebbé teszi számunkra az információk előhozását.

Ha ez még nem elég, ingerküszöbünk is sokat változott. Vagyis az mindig változik. Hogyha azok a dolgok amik sokkolnak, megrémisztenek, felvidítanak vagy akármilyen azonnali érzelmi reakciót váltanak ki túl gyakran ismétlődnek, elveszítik hatásosságukat. Így alkalmazkodik az emberi psziché a környezetéhez.

A viccek ugyanazzal a felépítéssel nem nevettetnek meg minket ha többször halljuk őket, mivel kiszámíthatókká válnak és a kulcsfontosságú meglepetés kudarcot vall. Amikor egymás után tucatszám nézünk lélegzetelállító tájképeket, egy idő után unalmassá válnak. Otthont kereső menhelyi kutyákat mutatni mindig, ugyanezt a hatást váltja ki. Nem állítom, hogy nincs semmi kihatása, vagy nem okoz érdeklődést és hogy semmilyen eredményt nem hoz, de ez nem olyan intenzív, amilyen valaha volt. Folyamatosan szokunk hozzá és sokkal kevésbé vagyunk érzékenyek, mint korábban voltunk.

Nagyon könnyűnek tűnik információkat megosztani az emberekkel a közösségi média csatornákon keresztül, de mindannyian túl sokat kapunk ezekből és egyáltalán nem mehetünk biztosra, hogy az emberek emlékezni is fognak a fontos és érdekes információkra, amelyeket megosztunk velük. Természetesen minden bejegyzés megkaphatja a maga saját 15 másodperces hírnevét – és most már nem perc, mint régen volt – de amikor állatvédelemről beszélünk, ezzel az időkerettel igazából semmi hathatós eredményt nem érünk el.

Képeket posztolni elhagyott és bántalmazott kutyákról automatikusan válaszreakciót szül. Ez teljesen normális, mivel az embereknek egy ilyen ingerre reagálniuk kell, belső kényszer a feldühödött válaszreakció. Ki tudna érzelmek nélkül átpörgetni egy olyan képet, amelyen egy kutya szenved és segítségre van szüksége?

A virtuális állatvédelem létezik. Több százezer ember ül a számítógép vagy az okostelefon képernyője előtt a világ minden pontján, nyomja a lájkot, leírja a saját dühét a hozzászólásokban és megosztja mindenkivel, akit ismer. Úgy érzik, hogy valami fontosat tettek és mintha hozzáadtak volna valamit az állatvédelmi kérdések megoldásához.

Az információ terjesztése rendkívül fontos. Viszont ha az állatvédelem eljut arra a pontra, hogy az emberek tevékenysége kizárólag az online szférában való harcra korlátozódik, annak nagyon súlyos és beláthatatlan következményei lesznek. Az állatvédelmi kérdések a való életben léteznek, és a tényleges problémakezelés és megoldás is csak ott valósulhat meg. A virtuális eszközök csak figyelemfelhívásra és tájékoztatásra jók, de nem helyettesíthetik a tényleges cselekvést.

És akkor mégis, hogyan?

Remélem nem rémült meg senki annyira, hogy az eddig olvasottak alapján azonnal úgy dönt, hogy törli magát minden közösségi oldalról.

Minden, amit eddig leírtam azt a célt szolgálta, hogy kiemeljem azokat a tudnivalókat, tulajdonságokat és buktatókat az online jelenlét esetében, amelyek figyelembevételével elkerülhetjük a kudarcot. Amikor eldöntjük, hogy ezeket az eszközöket használjuk, pontosan ismernünk kell nem csak a lehetőségeket, de a pontos használati módot és a hátrányokat is. Ha elmélyedünk a témakörben és magunkévá tesszük ezt a tudást, nem fog sokként érni minket, ha tízezrek követik a Facebook oldalunkat és mégis megtörténik az, hogy a kommunikációs kampányaink teljesen célt vesztve elkerülik az emberek figyelmét. A közösségi oldalak esetében működésben lévő viselkedéssémát mindig szem előtt kell tartanunk amikor egy kampányt akarunk elindítani.

Bölcs dolog minden állatvédelmi szervezet számára, ha megtervezi az online jelenlétét. Így lehetséges hatékonyan kommunikálva üzenetet eljuttatni. Egy jól átgondolt marketing kampány és PR stratégia megalkotása elengedhetetlen ahhoz, hogy az internet lehetőségeit teljes potenciáljában kiaknázzuk. Nem állítom, hogy a random és terv nélküli posztolgatás teljesen értelmetlen lenne, csak arra hívom fel a figyelmet, hogyha van egy teljes, mindent átfogó stratégiánk a kommunikációnkról, amelyben a közösségi médiák csak egyszerű eszközként szerepelnek tervünk végrehajtásában segédkezve, határozottan jobb eredményeket fogunk elérni.

Kommunikációs stratégiát számos helyzetben készíthetünk. Egy állatvédelmi szervezetnek lehet egy általános stratégiája arról, hogy hogyan prezentálja magát a külvilág felé, felépítve a saját megítélését. Ez a reputáció az, amit az emberek a szervezettel kapcsolatban gondolnak és mondanak, amikor szóba kerül. Egy ilyen jellegű általános stratégia fő vezéreleme ebben az esetben az, hogy megtervezzük mit gondoljanak velünk kapcsolatban és megtegyünk mindent azért, hogy az általános megítélés ehhez közelítsen is.

A jó megítélés felépítése és fenntartása határozottan egy folyamatos tevékenység és meghatározza az adott állatvédelmi szervezet teljes működését. Például amikor a fő célkitűzésünk azt hivatott visszatükrözi, hogy a szervezet pozitív gondolkodású és pozitív attitűddel cselekszik, akkor nem lehet agresszív kinyilatkoztatásunk.

Viszont hazudni sem hazudhatunk azért, hogy egy jó képet alakítsunk ki magunkról. A céljainknak harmóniában kell lenniük a valósággal bármiféle színlelés és megtévesztés nélkül. Az ilyen jellegű dolgok előbb-utóbb úgyis felszínre kerülnek, így őszinténak és következetesnek kell lennünk abban a képben, amit saját magunkról és szervezetünkről festünk.

A kommunikációs stratégia az általános image építés mellett magában foglalja számos különféle kampány akciótervét, mint például az adománygyűjtést, események hirdetését ahol a szervezet jelen van, oktató jellegű információk terjesztését, vagy új önkéntesek toborzását. Ezeknek a kampányoknak mindig a valós életben elérendő valós céljuk van, és a média kampányunkat úgy kell megtervezni, hogy ezt mindig észben tartjuk. A különféle kommunikációs csatornák, ideértve azokat is, amelyek nem köthetőek az internethez, egymással harmonizálva szinkronban kell legyenek a maximális eredmény eléréséhez.

Hogyan érjünk célt

Amikor megtervezzük egy állatvédelmi szervezet mindent átfogó kommunikációs tevékenységét, függetlenül annak pontos profiljától, nagyon fontos a kommunikáció tartalmát változatosra tervezni. Nem elégséges például kizárólag képeket feltölteni a kutyákról, akik épp a menhelyen várnak új otthonra.

Egy állatvédelmi szervezetnek olyan átlátható módon kell prezentálnia magát, amennyire csak lehetséges. Ezt viszont egysíkú, ugyanazon dolgokat felvonultató kommunikációval nem lehet elérni. Ez az átláthatóság elősegíti a bizalom elnyerését a szervezettel szemben, amely elengedhetetlen feltétel a támogatók megtalálásához, legyen szó akár önkéntességről vagy az adományozási hajlam növeléséről.

Ahhoz, hogy teljes képet fessünk egy szervezetről, számos más dolgot is prezentálhatunk az új otthonra váró kutyák mellett. Bemutathatjuk az ott dolgozó embereket, az önkénteseket akcióban, bármiféle szociális összejövetel vagy rendezvény érdekes lehet a nyilvánosság számára. Nem számít, hogy mennyire aprónak és jelentéktelennek tűnő információ az, amit bemutatunk, mivel ezek együttesen alkotják azt a bonyolult képet ami a szervezetre jellemző és ami alapján az emberek megítélik.

Az állatvédő szervezetek mindennapjai, különösen azoké, akik kutyákat mentenek, általában tele vannak szomorúsággal. Az viszont egyáltalán nem segítség, hogyha kizárólag a munkájuk horrorisztikus oldalára koncentrálnak csak. Fontos megmutatni a dolgok pozitív oldalát is, a sikertörténeteket, meg kell mutatni, hogy mi az, ami jó. A rutinszerűen naponta kiposztolt negatív dolgok egyébként is veszítenek egy idő után hatékonyságukból, mivel az emberek ingerküszöbe egyre magasabbra tolódik, és egyre kevésbé valószínű, hogy hatással lesz rájuk az, amit megosztunk. A szörnyű képek elhagyott és bántalmazott kutyákról egyértelműen kiprovokálják az érzelmi választ és az azonnali reakciót az online felületen, de a cél az, hogy ne csak sokkoljunk mindenkit, hanem hogy segítséget kérjünk és kapjunk is. Az emberek nagy része nem akar valami olyasmihez tartozni, amely kizárólag bánattal és nyomorral van tele. Szükségük van reményre is, érezniük kell, hogy valamit tehetnek és a dolgok jóra is fordulhatnak.

Továbbá egy állatvédelmi szervezet kommunikációs tevékenysége nem szabad, hogy kizárólag a felszínes dolgokról szóljon. Bármit, ami hasznos és fontos, érdemes megjeleníteni. Foglalkozni kell azokkal a dolgokkal is, amelyek lépésenként ugyan, de lemennek az állatvédelmi problémák gyökeréig, felhívják rájuk a figyelmet. Az ilyen jellegű, hosszú távra tervezett kampányok segítségével lassan ugyan, de lépésről-lépésre változásokat vihetnek végig az emberek mentalitásában és gondolkodásmódjában.

Azt mindvégig szem előtt kell tartani, hogy a közösségi média ritkán alkalmas nagyobb és összetettebb témák feltálalására, vagy akár megvitatására. Egyrészt, mert az emberek egy ilyen platformon nem olvasnak túl sokat, másrészt pedig nem mélyednek el a dolgokban. Ez az eszköz nem erről szól, nem erre való. Viszont a konferenciák bemutatása, vagy egy új felfedezésekről szóló publikációkra való figyelemfelhívás elhelyezése a közösségi oldalakon fontos és hasznos lehet.

Mivel az emberek hozzászoktak a teljesen abnormális mennyiségű információáramláshoz, újra és újra meg kell ismételnünk üzenetünket. Arra viszont ügyelnünk kell, hogy megtaláljuk a megfelelő egyensúlyt, hogy mennyiszer és milyen gyakorisággal történjen meg ez az ismétlés, mert ha átesünk a ló túloldalára, akkor az ismétlődő információ unalmassá válhat és az üzenet tartalma és hatása kifakul.

A közösségi médiával foglalkozó marketingesek már egy jó ideje felfedeztek egy lényeges viselkedési mintát. A közösségi oldalakat az emberek szórakozásra használják, olyan dolgokkal foglalkoznak, amelyek érdeklik őket. Azoknak a cégeknek az esetében, akik termékeket adnak el és szolgáltatásokat kínálnak, sosem működött és soha nem is fog működni az a hozzáállás, hogy az egész online jelenlétük kizárólag arról szól, hogy magukat reklámozzák és a termékeiket, illetve a szolgáltatásaikat tukmálják mindenkire napi szinten.

Az emberek azért tengetik az időt például a Facebookon, mert az a szándékuk, hogy lefoglalják magukat azzal, hogy szórakoznak és szocializálódnak, nem pedig azért, hogy bevásároljanak. Ezért van az, hogy az online közösségi oldalak kampányainak szüksége van egy speciális elemre, ami nem más, mint az elkötelezettség.

Az elkötelezett személyek követni fogják a szervezet tevékenységét, mert valami miatt tetszik nekik az a kép, amit magáról megalkotott. Így a szervezetnek pedig könnyebb lesz hatást gyakorolni, mivel valamilyen szintű bizalom és elkötelezettség már kialakult. Hisznek abban, amit mondunk és hisznek a céljainkban. Olyan, mint egy barátság. Soha nem leszünk azonnal barátok valakivel csak azért, mert egy dolog megtetszik az adott személyben. Először meg kell ismerkedni egymással, megismerni egymás szokásait, érdeklődési körét, és ahogy az idő múlik, ez mélyül. Ezt követően dől el az, hogy megvan-e a bizalom és a közös érdeklődési pontok, amelyből végül akár egy életre szóló barátság is kibontakozhat.

Egy állatvédelmi szervezet iránt elkötelezett emberek nagy valószínűséggel sokkal nyitottabbak és elfogadóbbak lesznek a megosztott információkkal szemben és a kérések esetében is nagyobb cselekvési hajlandóságot mutatnak.

Mindent tömören összefoglalva, ha a közösségi média oldalakon szeretnénk elérni eredményeket, először fel kell építeni egy közösséget, amely megbízik a szavainkban, megérti és jóváhagyja a missziónkat és készen áll arra, hogy kövesse azt az utat, amellyel ezeket a célokat elérhetjük.

Most pedig ideje felfedni egy hatalmas önámítást egy olyan tényről, amely az esetek jelentős többségében teljesen figyelmen kívül marad. Az állatvédelmi kampányok nagy részére jellemző ez, pedig rendkívül egyszerű és logikus dologról van szó.

Azok az emberek, akik figyelemmel kísérik egy szervezet állatvédelmi tevékenységét garantálhatóan elkötelezettek az állatvédelem iránt. Nincs szükségük oktatásra a fő témákban, például hogyan ne kínozzanak állatokat. Azok az emberek, akik irányába kinyúlunk a közösségi oldalakon, nem azok a típusú emberek, akik a hírekben szereplő szörnyűségeket elkövetik. Elképzelhető, hogy szükségük van információra és iránymutatásra, de nincs szükségük kioktatásra az alapvető problémákról és hogy hogyan kerüljék el azokat.

Így tehát mi van azokkal, akik kutyákat bántalmaznak, vagy akik előnyben részesítik a jó olcsó szaporított kutyákat vagy egyáltalán nem is érdekli őket az, hogy megtanulják hogyan kell felnevelni és tartani egy kutyát oly módon, hogy minden fizikai és mentálisan fontos szükséglete teljesüljön?

Ők nem fogják követni az állatvédő szervezetek Facebook oldalait! A nagy kérdés az, hogyha nem vagyunk képesek kommunikálni és oktatni azokat, akik okozzák az állatvédelmi problémákat, hogyan fog egyáltalán bármi is megváltozni?

A legnagyobb kihívás mindenek felett

Ha változást akarunk elérni a kutyák jólétében, egyértelmű, hogy változást kell hoznunk a saját társadalmunk viselkedésében is. A kutyák tőlünk függenek, és mi több, minden őket érintő problémát is mi, emberek generálunk.

Mi vagyunk a hibásak a felelőtlen tenyésztésért, a számos egészségügyi problémáért, amely a tudatlanságból ered, és tulajdonképp egyetlen egy kutya se kötötte még magát a fához, hogy valaki végül megmentse.

Az ok, amiért mindezek a dolgok történnek, az a tisztelet és az empátia hiánya a kutyák irányába. Ha változást akarunk, meg kell változtatnunk az emberek hozzáállását a kutyákhoz. Ez az egyetlen egy út hosszú távon, amellyel valós és tartós eredményt érhetünk el.

A legnehezebb dolog az életben megmondani embereknek, hogy az alapvető mentalitásuk rossz, meggyőzni őket arról, hogy ezen változtatni akarjanak, majd pedig rá is venni őket arra, hogy a továbbiakban más módon gondolkodjanak, új szokásokat vegyenek fel. Mindemellett azért ez nem teljesen lehetetlen.

Ha visszatekintünk a történelemben, az elmúlt pár évtized alatt is számos általános vélekedés megváltozott és sok jelentős társadalmi kérdésre már teljesen máshogy tekintünk. Nagy kihívás, de nem elképzelhetetlen.

Az emberi személyiség folyamatosan változik, és ha tetszik ha nem, ez a folyamat akkor sem áll meg, amikor felnőttekké válunk. Számos képességet és lehetőséget hordozunk a génjeinkben, amelyeknek markáns kihatása van a személyiségünkre. Ehhez hozzáadva sok mindent megtanulunk és nem is hagyjuk abba a tanulási folyamatot.

Mivel megszabadultunk számos ősi ösztöntől, a legtöbb viselkedésformánkat tanulás útján szerezzük, első körben a családunktól, majd azoktól az emberektől, akik körülvesznek minket. Szükségünk van iránymutatásra, szükségünk van viselkedésmintákra. Kell, hogy megmutassák nekünk hogy mit higgyünk és hogyan viselkedjünk. Meg kell tanulnunk hogyan vitázzunk, kezeljük a konfliktusainkat, mutassuk ki a tiszteletünket, hogyan szeressük egymást. Mindeközben mindannyian vágyunk arra, hogy magunkat értékesnek és szerethetőnek érezhessük. Szükségünk van arra, hogy másokhoz tartozhassunk, sóvárgunk azért, hogy azt érezhessük és átélhessük, hogy mások elfogadnak minket.

Ez az, ahogy a személyiség fejlődik és ez az az út, ami folyamán a saját egyéni gondolkodásmódunkat a kutyák irányába is megszerezzük.

Az emberi személyiség összetett és nem könnyű feladat kiigazodni rajta. Viszont mindannyian befolyásolhatóak vagyunk. A fent felsorolt gyengeségek azok, amelyeken keresztül megváltoztathatjuk az emberek attitűdjét és viselkedését. Mutassuk meg nekik, hogy mikor vannak elfogadva, prezentáljuk nekik mi a jó és mi a rossz. Viszont ha erre szánjuk el magunkat, készüljünk fel, mert ez nem lesz egy egyszerű menet.

Az állatvédelmi problémák legmélyebben megbúvó gyökere az emberi személyiségben rejtőzik, ahol meghozzuk a felelőtlen, végiggondolatlan, ostoba döntéseinket. Amikor kutyát választunk úgy, hogy a tartásához nincs meg a megfelelő környezet, amikor utcára dobjuk a rosszul viselkedő kutyát, mivel nem értünk a neveléséhez és feladjuk a további próbálkozásokat, amikor felelőtlenül pároztatunk kutyákat csak azért, mert a születendő kölykök mennyire cukik lesznek majd és teljesen ignoráljuk azt a tényt, hogy lehet, hogy nem is fogunk tudni nekik otthont találni.

A habitusokat, a szokásokat és viselkedésformákat, amiket életünk során megtanultunk és folyamatos változás alatt állnak, sosem könnyű megváltoztatni és ez nem is tud megtörténni egy éjszaka leforgása alatt. Nem számít milyen nehéznek hangzik, próbálkoznunk kell. Ha semmi erőfeszítés nem történik, hogy megváltoztassuk az emberi viselkedést, amely az állatvédelmi problémákat okozza, úgy minden harc az állatok jobb életéért csak egy végtelen, fájdalmas küzdelem marad. Próbáljuk megjavítani azt, ami már úgyis elromlott és már egyébként is túl késő bármit is visszacsinálni. Próbálunk megmenteni annyit az egészből, amennyit lehet, de képtelenek leszünk magát a problémát kiiktatni.

Mindent egybevetve

Az esetek többségében az állatvédelem úgy kerül elgondolásra, mint azon tevékenység, amikor kutyákat próbálunk kimenteni sanyarú sorsukból és új otthon után kutatunk számukra. Próbáljuk csökkenteni mindazt a kárt, amelyet az ember már elkövetett ellenük.

Ezzel szemben viszont az állatok jólétének biztosítása egy hatalmas terület, komplex és sok esetben figyelmen kívül hagyott aspektusokkal.

Tagadhatatlan, hogy nagyon sok előrehaladás történt és napi szinten nagy teljesítmények születnek, de számos létfontosságú terület van, amelyekkel jobban kellene törődni, viszont sokszor megfeledkezünk róluk.

A kutyák jövője érdekében – akik tökéletesen alkalmazkodtak a mi társadalmunkhoz az elmúlt pár ezer év alatt és a mi négylábú, legjobb barátainkká váltak – az állatvédelmi tevékenységek hatókörének változnia kell. Tartozunk nekik annyival, hogy elég bölcsek leszünk és végre megoldjuk azokat a problémákat, amelyeket mi magunk teremtettünk meg.

A szerzőről

Márton Attila Magyarországon született és jelenleg az Egyesült Királyságban él.

A Magyar Ebtenyésztők Országos Egyesületeinek Szövetsége ügyvezetője volt több, mint egy fél évtizedig. Számos nemzetközi projektben vett részt.

Jelenleg szabadúszó újságíró, rendezvényszervező, valamint marketing & PR tanácsadó.

További információ található hivatalos weboldalán: www.attilamarton.com

Printed in Dunstable, United Kingdom

91342769R00087